彩色花生品种 墨香

彩色花生品种 红钰

彩色花生品种 红豆

彩色花生品种 圣洁

彩色花生品种 白玉

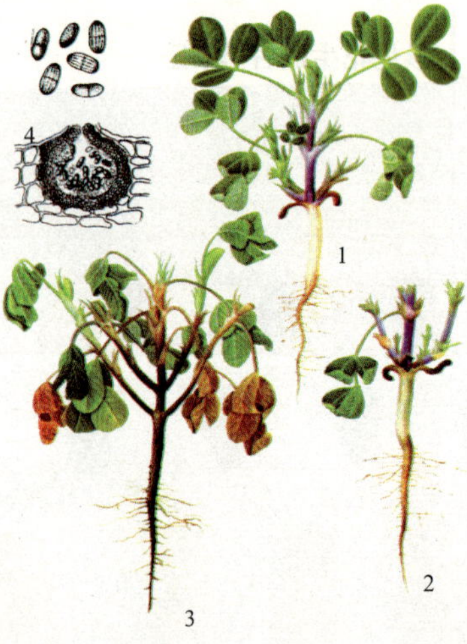

花生茎腐病

病原菌：*Diptodia gossypina* Cooke

1.茎基部初期症状；2.干燥时症状；3.潮湿时病部密生小黑点；4.病菌分生孢子器和分生孢子

花生青枯病

病原菌：*Pseudomonas sotanacearum* (Smith) Smith.

1.全株前期症状；2.根表皮下示菌脓；3.病茎横剖，初期（左）、后期（右）；4.病原细菌

花生白绢病

病原菌：*Corticium rotfsii* Sacc

1.苗期症状；2.成株期症状；3.病菌担子及担孢子

花生锈病

病原菌：*Puccinia arachidis* Speg.

1.病株症状；2.病叶正面；3.病叶背面；4.病茎症状放大；5.病菌夏孢子

花生纹枯病

病原菌：*Pellicularia sasakii* (Shir.) lto

1.病株症状；2.病菌担子及担孢子；3.菌核剖面

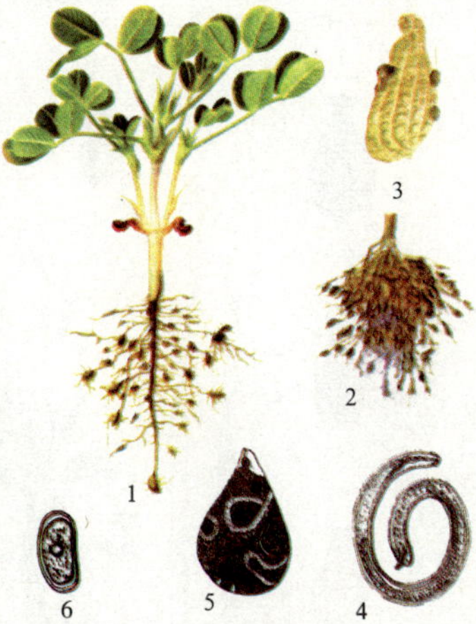

花生线虫病

病原线虫：*Metoidogyne hapla* Chitwood

1.初期症状；2.后期根结成须根团；3.荚的症状；4.病原线虫雄虫；5.雌虫；6.卵

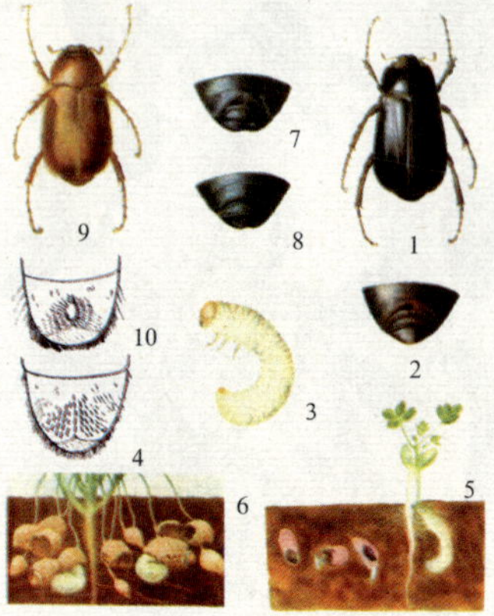

华北大黑金龟子

Hoiotrichia oblita (Fald.)

1.成虫；2.雄成虫腹端腹面；3.幼虫；4.幼虫肛毛排列；5.花生幼苗被害状；6.花生荚果被害状；东北大黑金龟子 *H.diomphalia* Baies 7.雄成虫腹端腹面；江南大黑金龟子 *H.gebleri* (Fald.) 8.雄成虫腹端腹面；拟毛黄金龟子 *H.formosana* Moser 9.成虫； 10.幼虫肛毛排列

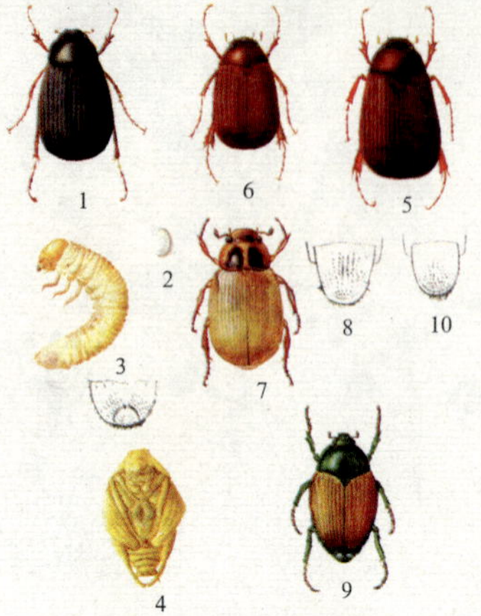

黑绒金龟子

Maladera orientalis (Motsch.)

1.成虫；2.卵；3.幼虫及其肛毛排列；4.蛹；阔胫金龟子 *M.oeritcalis* (Fairm.) 5.成虫；小阔胫金龟子 *M.oatula*(Fairm.) 6.成虫；褐条丽金龟子 *Blitopertha pallidipennis* Reitrer.7.成虫；8.幼虫肛毛排列；四纹金龟子 *Popillia puadrigatiata* Fabricius 9.成虫；10.幼虫肛毛排列

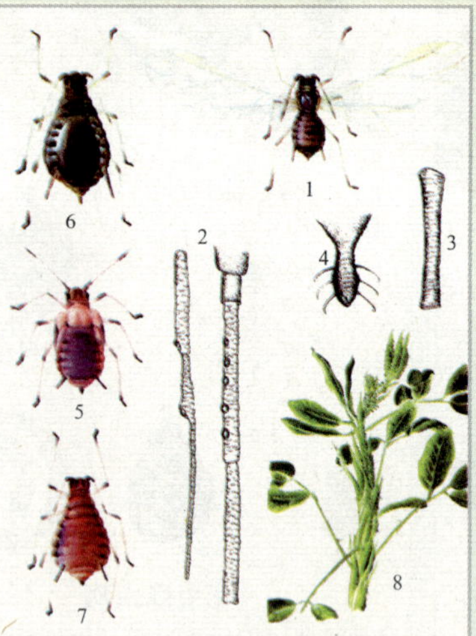

苜蓿蚜 *Aphis cracciuora* Koch

1～4.有翅胎生雌蚜（1.全图，2.触角，3.腹管，4.尾片）；5.有翅若蚜；6.无翅胎生雌蚜；7.无翅若蚜；8.被害状

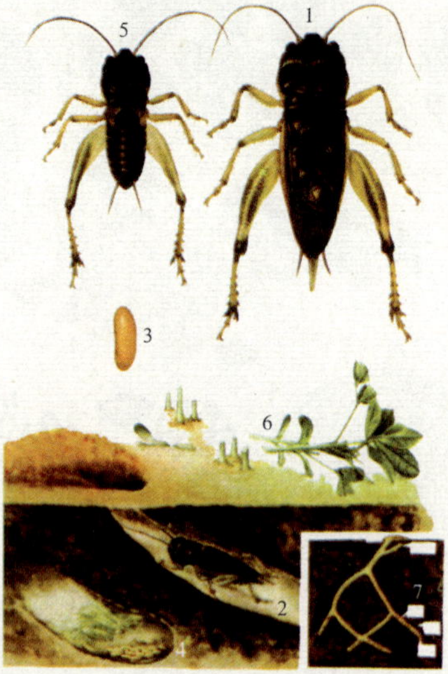

花生大蟋蟀 *Brachytrupes portentosus* Lichtenstein

1.成虫（雄）；2.在穴内的成虫（雌）；3.卵（放大）；4.洞穴里的卵粒；5.若虫；6.花生苗被害状；7.洞穴剖面

彩色花生优质高产栽培技术

主　编

王子峰

编著者

王保圣　王子峰　王秀荣

王子娟　王建军　王冀宏

张际伟　王成丹　李海伟

金　盾　出　版　社

内 容 提 要

本书由长年从事彩色花生育种及栽培的基层科研人员编写。前三章介绍了花生及彩色花生的概况，分类与生物学特性及其生长发育所需的自然条件与营养成分。第四章至第六章阐述了彩色花生的优质高产栽培的施肥、管理和地膜覆盖技术。第七章和第八章分别讲述了花生的病虫草害的识别与防治和彩色花生种子的扩繁与提纯复壮技术。翔实的内容、先进而实用的技术，可使本书成为广大花生种植户致富路上的良师益友，亦可供农业技术推广人员、科研人员及农业院校相关专业师生阅读参考。

图书在版编目(CIP)数据

彩色花生优质高产栽培技术/王子峰主编；王保圣等编著. —北京：金盾出版社，2008.1
ISBN 978-7-5082-4805-9

Ⅰ. 彩… Ⅱ. ①王…②王… Ⅲ. 花生-栽培 Ⅳ. S565.2

中国版本图书馆 CIP 数据核字(2007)第 178022 号

金盾出版社出版、总发行
北京太平路 5 号(地铁万寿路站往南)
邮政编码：100036 电话：68214039 83219215
传真：68276683 网址：www.jdcbs.cn
北京金盾印刷厂印刷
装订：万龙印装有限公司
各地新华书店经销
开本：787×1092 1/32 印张：6.625 彩页：4 字数：139 千字
2008 年 3 月第 1 版第 2 次印刷
印数：11001—18000 册 定价：10.00 元

序　言

花生又名落花生，为豆科植物落花生的种子。花生有滋养补益、益寿延年的功效，民间称之为长生果，为“素中之荤”，营养价值颇高。在我国各地均有种植。

彩色花生系列新品种，是采用远缘杂交等现代育种技术选育而成的种皮变异的花生新品种。它的种皮颜色独特，既能满足人们的感官需求，又因种皮颜色不同，而分别富含某种或多种营养成分，更有益于人体健康，成为“长生果”中的精品。

彩色花生从营养学角度分析，它具有平衡膳食，预防心血管病、糖尿病和肥胖，抑制癌生长和抗衰老的防病保健功能，是人们健身增寿的食疗保健佳品。

彩色花生从营养成分结果分析：蛋白质含量为21.21％～26.62％，明显高于精瘦肉的蛋白质含量；彩色花生系列果仁的18种氨基酸总量为22％～25.88％，其中有8种氨基酸是人体不能合成而又必需的。精氨酸含量高于其他坚果，生物学效价高于大豆；脂肪含量为45.16％～57.24％，脂肪酸含量为43％～55％，其中77％以上为不饱和脂肪酸，单不饱和脂肪酸含量在50％以上，不含胆固醇；花生仁含21％以上的碳水化合物，其中约6％为非淀粉多糖。花生仁还含有5.5％的不溶性膳食纤维和非常丰富的多种维生素，其中白藜芦醇含量约为27.7微克，是葡萄的908倍；还富含植物固醇、大豆异黄酮、抗氧化剂等植物活性化合物，都对人体有重要的保健作用。

河北省磁县科协高级农艺师王保圣、王秀荣等同志，有30余年的育种、栽培技术和推广经验。他们搜集了大量的花生自然变种，经提纯复壮，结合现代育种技术，开发培育出果仁外衣颜色各异的多个花生新品种，形成了系列，并在我国东部地区大范围应用和间接推广，取得了很好的应用效果和经济效益。王子峰等同志作为年轻的科技工作者，在老一辈的指导下完成新品种研究培育并编写完成此书，为彩色花生系列品种的应用推广奠定了基础。

一个好的品种，必须有标准化栽培技术为之保证。《彩色花生优质高产栽培技术》一书的应用推广，必将为花生品质和产量的提高、花生品种的更新、农村经济的发展和膳食结构的改善作出积极的贡献。

感谢王保圣、王子峰等同志付出的辛勤劳动，希望更多的农户、基层农技人员能靠本书致富，也希望更多专业研究人员能读到此书。

中国保健协会食物营养与安全专业委员会会长
中国农业工程学会信息专业委员会副会长
联合国工业组织绿色产业专家委员会委员
中国粮油学会常务理事、农产品加工研究员

孙树侠
2007.8.22

前　言

我国是一个传统农业大国，花生是我国主要的经济作物之一，是食油、食品、蛋白质提取、医药保健品开发、化工产品加工的原料，更是出口创汇的主要农产品之一。自 20 世纪 90 年代以来，国际营养学研究领域取得的重要发现表明，经常食用花生等坚果类食物，能明显降低现代“文明病”的发病率，能显著改善人体的营养健康状况。由此可见，花生在日常膳食结构和国民经济中均占有重要地位。

彩色花生系列新品种自 1996 年培育完成以来，先后在我国东部地区大范围试验、示范栽培，均取得较高的产量和较好的经济效益。经农业部谷物品质监督检验测试中心检验测定，彩色花生系列品种营养成分各具特色，富含硒、钙、锌、铁等微量元素和维生素，符合现代国民体质健康的膳食需要，推广应用前景十分乐观。

我国地域宽广、生态类型复杂，随着人口的增加，人均农业资源——特别是土地资源和水资源的日益减少，使花生的优质高产栽培，争创最佳经济效益成为花生品种培育和发展生产的主要方向。彩色花生的推广应用抓住了这个主要方向，希望本书的出版，可以为推进这一进程贡献微薄之力。

为打造精品科普图书，力求实用，便于操作，在编写过程中，我们总结前辈经验，借鉴吸收了专家学者的相关成果，在此一并致谢。编者均为基层农技人员，学识水平有限，不足之处还望专家学者和广大读者指正。

编 著 者

2007 年 6 月

目　录

第一章　我国花生及彩色花生概述 …………………… (1)
第一节　花生在全球的分布与生产概况 ……………… (1)
一、世界花生分布与生产概况 ……………………… (1)
二、我国花生种植的区域分布 ……………………… (1)
第二节　我国花生生产的现状与发展前景 …………… (2)
一、花生在我国国民经济中的地位 ………………… (2)
二、我国花生的生产现状和发展前景 ……………… (5)
第三节　彩色花生的营养价值与应用前景 …………… (8)
一、彩色花生系列果仁直接食用营养价值高 ……… (8)
二、食用彩色花生有利于改善人体营养不良状况 … (9)
三、彩色花生系列新品种的应用前景乐观 ………… (9)
第二章　花生的分类和各生育期的发育特征 ………… (11)
第一节　花生的分类 ………………………………… (11)
一、普通型 ………………………………………… (11)
二、珍珠豆型 ……………………………………… (12)
三、多粒型 ………………………………………… (13)
四、龙生型 ………………………………………… (13)
五、其他中间型 …………………………………… (14)
第二节　花生各生育期的发育特征 ………………… (15)
一、种子萌发出苗期 ……………………………… (15)
二、苗期 …………………………………………… (16)
三、开花下针期 …………………………………… (17)
四、结荚期 ………………………………………… (20)

五、饱果成熟期…………………………………………………………（21）
第三章　花生生长发育需要的自然条件和营养成分 …（23）
第一节　花生生长发育需要的自然条件 ……………（23）
一、水分……………………………………………………………（23）
二、温度……………………………………………………………（24）
三、光照……………………………………………………………（25）
四、土壤……………………………………………………………（26）
五、氧气……………………………………………………………（27）
第二节　花生需要的主要营养元素及生理功能 ……（27）
一、氮………………………………………………………………（27）
二、磷………………………………………………………………（28）
三、钾………………………………………………………………（29）
四、钙………………………………………………………………（29）
五、镁………………………………………………………………（30）
六、硫………………………………………………………………（30）
七、锌………………………………………………………………（31）
八、硼………………………………………………………………（31）
九、锰………………………………………………………………（32）
十、钼………………………………………………………………（33）
十一、铁……………………………………………………………（34）
十二、铜……………………………………………………………（34）
第四章　彩色花生优质高产施肥技术 ………………（35）
第一节　适合花生栽培的主要肥料种类 ……………（35）
一、农家肥料……………………………………………………（35）
二、化学肥料……………………………………………………（37）
第二节　彩色花生施肥技术 ………………………………（39）
一、基肥的施用技术…………………………………………（39）

二、种肥的施用技术……………………………………（40）
三、追肥的施用技术……………………………………（41）
四、微量元素肥料的施用技术…………………………（42）
五、花生根瘤菌的剂型与施用技术……………………（46）
第五章　彩色花生优质高产栽培技术 ………………（48）
第一节　彩色花生系列优良品种简介 …………………（48）
一、墨香……………………………………………………（49）
二、紫玉……………………………………………………（50）
三、红钰……………………………………………………（51）
四、红豆……………………………………………………（51）
五、圣洁……………………………………………………（52）
六、白玉……………………………………………………（53）
七、彩纹……………………………………………………（54）
八、雪宝……………………………………………………（54）
九、粉玉……………………………………………………（55）
第二节　栽培土壤准备 …………………………………（56）
一、栽培土壤要求………………………………………（56）
二、土壤肥力标准………………………………………（58）
三、深耕整地起垄技术…………………………………（60）
第三节　播种技术 ………………………………………（61）
一、播前种子处理………………………………………（61）
二、适时播种，确保全苗 ………………………………（63）
三、合理密植与种植方式………………………………（65）
第四节　田间管理技术 …………………………………（67）
一、查苗补种……………………………………………（68）
二、清棵蹲苗……………………………………………（69）
三、中耕和培土技术……………………………………（71）

四、促保调控，确保花生稳健不衰 …………………… (72)
第五节 灌溉与排水技术 …………………………………… (75)
一、花生的需水特性……………………………………… (75)
二、灌溉方法……………………………………………… (77)
三、排水…………………………………………………… (78)
第六节 收获与贮藏技术 …………………………………… (78)
一、成熟的标志…………………………………………… (78)
二、收获适期……………………………………………… (79)
三、及时晒干……………………………………………… (80)
四、安全贮藏……………………………………………… (81)
第七节 花生优质高产栽培中植物生长调节剂的应用技术 ……………………………………… (82)
一、常用植物生长调节剂………………………………… (82)
二、植物生长调节剂的配制技术………………………… (84)
三、常用浓度表示方法…………………………………… (85)
第六章 彩色花生地膜覆盖高产栽培技术要点 ……… (87)
第一节 地膜覆盖栽培的增产效果与机制 ……………… (87)
一、增产效果……………………………………………… (87)
二、增产机制……………………………………………… (87)
第二节 地膜覆盖栽培技术要点 ………………………… (89)
一、选用适宜地膜………………………………………… (89)
二、精细耕耙整地………………………………………… (90)
三、配方施足基肥………………………………………… (90)
四、按标准起垄备播……………………………………… (91)
五、确保排灌畅通………………………………………… (92)
六、种子准备与处理……………………………………… (92)
七、适期播种……………………………………………… (93)

八、科学合理密植……………………………………………………（93）
九、安全防除杂草……………………………………………………（94）
十、确保覆膜质量……………………………………………………（94）
十一、加强田间管理…………………………………………………（95）
第七章　花生病、虫、草害的识别与防治技术 ………………（96）
第一节　花生病害的识别与防治技术 ……………………………（96）
一、花生冠腐病………………………………………………………（96）
二、花生茎腐病………………………………………………………（97）
三、花生根腐病………………………………………………………（98）
四、花生青枯病………………………………………………………（98）
五、花生白绢病………………………………………………………（99）
六、花生立枯病 ……………………………………………………（100）
七、花生病毒病 ……………………………………………………（101）
八、花生灰霉病 ……………………………………………………（103）
九、花生褐斑病和黑斑病 …………………………………………（104）
十、花生灰斑病、轮斑病和炭疽病………………………………（105）
十一、花生枯斑病 …………………………………………………（106）
十二、花生锈病 ……………………………………………………（107）
十三、花生紫纹羽病 ………………………………………………（108）
十四、花生纹枯病 …………………………………………………（108）
十五、花生炭腐病 …………………………………………………（109）
十六、花生小菌核病 ………………………………………………（110）
十七、花生菌核茎腐病 ……………………………………………（110）
十八、花生线虫病 …………………………………………………（111）
十九、花生根腐线虫病 ……………………………………………（113）
二十、花生黄萎病 …………………………………………………（114）
二十一、花生荚绵腐病 ……………………………………………（114）

二十二、花生缺铁黄化症 …………………… (115)
二十三、花生黄曲霉菌病 …………………… (115)
第二节　花生虫害的发生规律与防治技术………… (118)
一、蛴螬(金龟子) ……………………………… (118)
二、蝼蛄 ………………………………………… (121)
三、金针虫 ……………………………………… (123)
四、地老虎 ……………………………………… (125)
五、种蝇 ………………………………………… (127)
六、花生蚜虫 …………………………………… (128)
七、棉铃虫 ……………………………………… (130)
八、叶螨(红蜘蛛) ……………………………… (132)
九、花生大蟋蟀 ………………………………… (133)
十、油葫芦 ……………………………………… (134)
十一、蒙古灰象甲 ……………………………… (135)
十二、大灰象甲 ………………………………… (136)
十三、柑橘斜脊象甲(大豆小绿象鼻虫) ……… (137)
十四、短带长颚象甲 …………………………… (138)
十五、豆芫菁 …………………………………… (138)
十六、花生叶芫菁、毛角豆芫菁和毛胫豆芫菁…… (140)
十七、眼斑芫菁和大斑芫菁 …………………… (140)
十八、绿芫菁 …………………………………… (141)
十九、大造桥虫 ………………………………… (141)
二十、蓟马 ……………………………………… (142)
二十一、花生卷叶螟(豆螟) …………………… (143)
二十二、花生黄卷叶螟 ………………………… (144)
二十三、小绿叶蝉 ……………………………… (144)
二十四、豆天蛾 ………………………………… (145)

二十五、斜纹夜蛾 …………………………………… (147)
二十六、云纹夜蛾(鱼藤毛胚夜蛾) ………………… (148)
二十七、大豆小夜蛾(坑翅夜蛾) ………………… (148)
二十八、豆小卷叶蛾 ……………………………… (149)
二十九、花生卷叶麦蛾 …………………………… (151)
三十、古毒蛾 ……………………………………… (152)
三十一、新黑地珠蚧 ……………………………… (153)
第三节　花生的主要草害种类及防治技术………… (155)
一、主要杂草种类 ………………………………… (155)
二、农业措施除草 ………………………………… (159)
三、化学除草剂除草 ……………………………… (160)
四、塑料薄膜除草 ………………………………… (167)
第八章　彩色花生种子的扩繁和提纯复壮技术……… (169)
第一节　彩色花生系列原种扩繁………………… (169)
一、单粒稀播扩繁技术 …………………………… (169)
二、地膜覆盖一年两季扩繁 ……………………… (170)
第二节　彩色花生种子的提纯复壮技术………… (171)
附　录………………………………………………… (174)
附录 1　彩色花生系列品种优质高产栽培技术标准
……………………………………………… (174)
附录 2　各种肥料三要素含量表 ………………… (189)
附录 3　有机肥卫生标准 ………………………… (191)
附录 4　彩色花生系列品种主要营养成分与国标
对照表 ……………………………………… (193)
附录 5　彩色花生系列品种创始人——王保圣 …… (193)
参考文献……………………………………………… (194)

第一章　我国花生及彩色花生概述

彩色花生系列新品种，是由远缘杂交等现代育种技术培育的种皮变异的花生品种。因此，彩色花生系列新品种在国民经济中的地位以及应用推广的前景还应从现有花生品种谈起。

第一节　花生在全球的分布与生产概况

一、世界花生分布与生产概况

花生是全球性广泛种植的经济作物之一，种植面积约2 300万公顷，总产量约3 000万吨。主要分布于亚洲、非洲和美洲的50多个国家和地区。欧洲和大洋洲的种植面积很小，亚洲花生种植面积约占世界花生种植总面积的65%，非洲约占世界花生种植总面积的30%。花生是世界上最重要的油料作物之一，居油料作物中的第二位，在世界油脂生产中具有举足轻重的地位。近20年来，世界花生生产有了较大发展，花生的单位面积产量、总产、贸易量显著增加。

世界花生主产国有印度、中国、美国、印度尼西亚、塞内加尔、苏丹、尼日利亚、扎伊尔和阿根廷等。印度种植面积最大，占世界种植总面积的近40%，居首位；美国单产最高；中国总产最高，居世界第一位。

二、我国花生种植的区域分布

中国是花生的生产、消费和贸易大国。花生产量占全国油料总产量的45%左右。产地分布很广，北起松嫩平原南至海南岛，西起塔里木盆地东到沿海，除青海、西藏、宁夏、内蒙古等省、自治区外均有种植，但以东部辽宁以南的暖温带、亚热带、热带地区分布最多。主要集中在辽宁省东、西部风沙丘陵区，胶东半岛，鲁西北部，河北省东北部，河南省东部以及黄河区沙土地和广东、福建等地的沿海丘陵地区。这些地区充分利用花生适应性广、抗性强、匍匐生长能抗风固沙、培肥土壤的特征和特性，广泛应用沿江河两岸的冲积沙荒地和山丘沙砾等瘠薄土地资源，为培肥土壤、改良土质及农业的可持续发展作出了贡献。但由于土质贫瘠、保水保肥性差，单位面积产量低，提高难度大。山东省是我国花生种植第一大省，其次是河南省，种植面积都超过了80万公顷，广东、河北两省种植面积都在35万公顷以上，广西、四川、安徽、江苏、福建等省、自治区种植面积在7万公顷左右。辽宁、湖南两省种植面积在6万公顷左右。其他省、自治区、直辖市种植面积都较少，在5万公顷以下。我国花生种植总面积约500万公顷，总产量已接近2 000万吨，每公顷平均产量已接近4 000千克。

第二节　我国花生生产的现状与发展前景

一、花生在我国国民经济中的地位

花生是一年生草本植物，是我国主要的经济农作物品种，也是主要的油料作物和食品的重要原料。花生的抗逆性强、耐贫瘠、抗风沙、适应性广，在北纬40°以南，年平均温度11℃以上，生育期积温超过2 700℃以上的地区都能种植。除严重的盐碱土质外，在肥力较差的江河两岸冲积沙层或丘陵地区的沙砾土上都能正常生长，即使在酸性的黄、红壤土中，花生也能生长发育结实。在飞沙地区种植龙生型花生，利用其侧枝能匍匐于地表生长的特性，能抑制土地表面飞沙，防止土壤被风侵蚀。此外，花生根瘤菌的共生固氮作用，能起到培肥地力的作用。花生对改良土壤、培肥地力，防止土壤沙化，保护自然环境，充分利用土地资源，发展可持续性生态农业具有重要的经济意义。

花生种子（花生果仁）主要成分为脂肪、蛋白质、维生素、微量元素、矿物质，有很高的营养价值，是纯天然功能型营养保健食品。

花生果仁脂肪含量因品种不同而异，在中国疾病预防控制中心营养与食品安全所编著的《中国食物成分表（2002）》中，其国标参考值为 44.3%，出油率为脂肪含量的 90%左右，是重要的油料作物，其含油量仅次于芝麻，而高于油菜籽和大豆。我国约 60%的食用植物油来自于花生。花生油是营养价值很高的植物油之一，含有 80%左右的不饱和脂肪酸，其中亚油酸含量达 25%左右，气味清香，品质优良，对调节人体生理功能，促进生长发育，预防疾病等有重要作用，是我国人民最喜爱的一种植物食用油。

花生果仁中蛋白质的含量因品种不同，含量高低也有差异，在中国疾病预防控制中心营养与食品安全所编著的《中国食物成分表（2002）》中，其国标参考值为 24.8%。仅次于大豆，是优质蛋白。由 90%的球蛋白和 10%的清蛋白组成，可消化率很高，消化系数达 90%，极易被人体吸收利用，高于油菜籽和芝麻。花生蛋白质中含有人体必需的各种氨基酸，有 8 种是人体不能合成而又必需的氨基酸，其中最重要的赖氨酸含量比小米、小麦、玉米高 3～8 倍，有效利用率高达 99%

左右，比大豆赖氨酸的利用率还高21%以上。因此，花生蛋白质是一种完全蛋白质，适合人体的吸收和利用。花生仁中还含有多种矿物质和维生素，如钙、铁、磷、胡萝卜素、维生素C、维生素E、B族维生素等。彩色花生系列果仁因其品种的不同，而分别富含硒、钙、锌、铁、白藜芦醇等，是防止富贵病及其他疾病的主要营养成分，可以直接作为功能型营养保健食品食用。花生仁还是多种美味的食品、糖果等休闲食品原料，在食品工业上具有一定的经济地位。花生饼(粕)含粗蛋白质50%左右，粗脂肪约7%，碳水化合物约24%，是我国第一大植物蛋白质。可以从中提取蛋白质加工成蛋白粉或组织蛋白、分离蛋白，都是食品工业的重要原料。此外，花生饼(粕)中含有较多的维生素和矿物质，如磷、铁、钙等，是很好的饲料和肥料，是发展养殖业的重要饲料之一。

花生茎叶中含粗蛋白质12%左右，粗脂肪1%～4%，碳水化合物45%左右。花生壳中含粗蛋白质5%～8%，粗脂肪1%～3%，碳水化合物11%～24%，纤维素60%～80%，其中可消化蛋白高于其他饲草。花生茎叶和花生壳粉碎后是牲畜的优质饲料。其营养价值优于苜蓿、三叶草等优质牧草。按照每667平方米(1亩)生产400千克花生果计算，能同时提供花生茎叶250千克左右、花生果壳120千克左右和花生饼(粕)180千克左右的优质饲料，能饲养育肥体重100千克的肥猪2头。

花生根瘤菌的固氮能力大，能固定空气中的游离氮素，提高土壤的含氮量和肥力，根据专家测定，每667平方米生产500千克荚果的花生植株，它的根瘤菌在生育期内能固定空气中的氮素20～30千克，相当于40～65千克标准尿素化肥。其中2/3用于花生生长需要，1/3留在田中培肥土壤。另外，庞大的花生根系腐烂后能增加土壤中的腐殖质，种植花生的地块有利于土地肥力的不断提高。因此，种植花生的地块是其他农作物良好的前茬，在相同条件下比种植其他茬口增产20%～30%。

世界上曾有不少农学家认为“花生是高光合效能作物”、“花生是不可预言的高产作物”。随着科技的进步以及高效栽培技术的推广，全国花生主产地——山东省，每667平方米花生的产量早在1979年就突破了400千克。1992年，山东省平度市又出现了小面积每667平方米产量达785.6千克的高产典型。目前，山东花生产区在高产栽培技术的配套实施下，平均每667平方米产量已经稳定在500千克左右，800千克的高产典型层出不穷，花生是高产农作物已成事实。

大力发展花生生产，提高产量，对满足人民的食油及食品需求，改善我国人民的食物结构，增加蛋白质含量，提高人民身体素质，促进畜牧业发展，提高土壤肥力，增加粮食产量等方面都具有重要的作用和意义。

我国是全球花生的第二大出口国，花生作为我国传统的出口商品，在农产品外销中占有重要地位，外销量占世界花生外销总量的40%左右。花生具有降低血压、补脾润肺、补中益气、通脉安神、开胃理脾等功能，能提取制造多种药品和保健品，在化工医药领域也占有重要地位。因此，发展花生生产在国民经济中具有重要的意义。

二、我国花生的生产现状和发展前景

20世纪90年代之前，我国花生每667平方米平均产量一直在150千克左右的低产水平徘徊。随着国家宏观政策指导和农业产业结构调整，花生种植的科学技术研究不断加强，重大科技成果广泛快速地推广利用，清棵蹲苗技术、根瘤菌肥增产技术、地膜覆盖技术、配方施肥技术、间作套种技术及多种植物生长调节剂应用技术等科技成果大力应用推广，结合花生新品种的更新，促使全国花生平均产量大幅度提高。至 20 世纪末，全国花生每 667 平方米平均产量已突破 250 千克大关，直线向 300 千克攀升。据统计数据显示，在全国花生第一大产地的山东省，全省 90 万公顷花生，从 1998～2000 年连续 3 年，每 667 平方米平均产量超过 380 千克。其中青岛市的 11 万公顷花生，连续 3 年每 667 平方米平均产量超过 480 千克。平度市的 3 万公顷花生，连续 3 年每 667 平方米平均产量超过 500 千克。这些都充分证明了我国的花生生产已经进入一个新的发展阶段。21 世纪的中国花生产业必将逐步向产业化过渡，呈四大发展趋势。

1. 种植面积稳定，发展升幅不大 在全球范围内，随着人口的逐渐增长和生活水平的提高，作为优质的植物油料，纯天然保健食品及休闲食品原料，花生需求量将逐年增加，花生发展的基础条件将更加优越，一是花生被作为重点优质油源的地位得到肯定，政府给予重视和扶持；二是花生是我国农产品中为数不多的出口畅销产品；三是积累有丰富的种植技术和经验；四是销售市场越来越好；五是政策推动科技投入逐渐加大，农户种植积极性高。这些均促使花生种植业呈快速发展趋势，但是受自然条件限制、土地资源紧缺和其他经济作物的冲击，花生种植面积发展的升幅不会太大。

2. 科技投入的力度将进一步加强 回顾我国花生种植发展史，花生单位面积产量的提高，不仅要靠物质投入，更主要的是靠科技进步。新中国成立之后的 20 世纪 50 年代，全国花生平均每 667 平方米产量为 120 千克，我国广大农业科技工作者，首先重点推广了花生根瘤菌肥增产技术和花生清棵蹲苗培育壮苗技术，继而重点推广花生病、虫、草害防治技术和地膜覆盖栽培技术及植物生长调节剂调控技术。特别是花生品种的更新，大幅度提高了花生单位面积的产量。每次品种的更新都能使花生产量提高10%以上，对促进我国的花生不断增产发挥了巨大的作用。品种交替中，突出了三大特点，一是直立型品种取代了匍匐型、半匍匐型品种；二是中早熟品种取代了晚熟品种；三是高产品种取代了低产品种。至20世纪80年代初，全国花生平均每667平方米产量由50年代的120千克提高到182千克，90年代提高到238千克，20世纪末全国花生平均每667平方米产量已达到285千克，而全国花生主产地山东省平均每667平方米产量已达到380千克，大部分达到了每667平方米产量500千克以上，并出现了每667平方米产量700千克以上的高产典型。

3. 花生的总产量要靠单产的增加来提高 世界花生需求量的逐年提高，促使花生种植业的快速发展，但在耕地日益减少的前提下，花生种植面积的扩大幅度已经有限，唯一的出路是提高单位面积产量。从栽培学的角度分析，花生在低产水平的情况下，只要单纯增加水、肥等物质投入，加强管理，就能提高花生的单位面积产量。但是在较高的产量水平下，再提高花生的单位面积产量，仅靠物质投入往往不会奏效，必须在增加物质投入的同时，依靠科学技术进步来实现单位面积产量的提高，其关键在于：一是开发推广新优品种替代更新现有品种，二是综合配套应用清棵蹲苗培育壮苗技术、生物菌肥增产技术、地膜覆盖栽培技术、测土配方施肥技术、生长调节剂调控技术、病虫草害综合防治技术及间作套种等技术。根据对现有700千克以上高产典型研究证明，花生的增产潜力很大，随着生态农业的发展、科技投入的加大、花生种植技术的进步，到2010年，全国花生每667平方米产量将在2000年285千克的基础上提高40%～50%，平均每667平方米产量达到400千克以上。

4. 花生的直接食用比例将逐渐提高 彩色花生是高脂肪、高蛋白、高能量食物。彩色花生果仁脂肪含量高达45.16%～57.24%，高于芝麻（脂肪含量的国标参考值39.6%），油菜籽（脂肪含量28%～48%）和大豆（脂肪含量的国标参考值16%）。花生油含不饱和脂肪酸77%以上，并含有丰富的维生素E和植物固醇、磷脂及其他营养物质。所以，花生油是国际公认的优质植物油，长期以来，花生被作为食用油的主要油料用于榨油，比例高达总量的60%～70%，其次才是用于食品、化工和药用原料，而直接用于食用和休闲食品的比例很小。

由于彩色花生直接食用营养价值高，随着我国人民生活水平的提高、保健意识的增强，其直接食用比例必将逐渐提高。

第三节 彩色花生的营养价值与应用前景

一、彩色花生系列果仁直接食用营养价值高

彩色花生系列果仁含蛋白质21.2%～26.6%。花生蛋白质由90%的球蛋白和10%的清蛋白组成，可消化系数大于90%，极易被人体吸收利用，花生蛋白质中含有人体必需而又不能合成的8种氨基酸，其中最重要的赖氨酸含量比白面高3倍，比玉米高3.3倍，比大米高3.8倍，比小米高4.9倍，有

效利用率高达98%以上，比大豆的利用率还高21%以上。花生仁中还含有丰富的维生素和矿物质等营养成分，可以直接作为营养保健品食用。随着国民对彩色花生营养价值认识的提高，彩色花生的直接食用比例也将逐渐提高。

二、食用彩色花生有利于改善人体营养不良状况

全国第四次国民营养健康状况调查显示：我国人群中宏量营养素和微量营养素的缺乏普遍存在，特别是铁、钙、维生素A等微量营养素的缺乏更为严重，营养缺乏病普遍存在，呈高发状态。全国人口钙的摄入量普遍不足，有1.6亿人缺乏能量蛋白质，5.8亿人缺乏维生素A，200万人缺碘，5岁以下儿童生长迟缓者约1 400万，缺铁性贫血为2亿人。国民营养性相关疾病表现出快速上升和高发的趋势。目前超重人群约2亿，肥胖人群6 000多万，高血压患病人群1.6亿多人，血脂异常患病人群1.6亿人，血糖异常患病人群4 000多万人。

经常食用彩色花生等坚果类食物，能明显降低现代“文明病”的发病率，显著改善人体的营养健康状况。花生及其制品被欧美等国当成一日三餐的必备食品，长期食用。我国作为花生生产和出口大国，国民却普遍存在着营养缺乏的状况。宣传和倡导食用花生，对强壮国民体质尤为重要。

三、彩色花生系列新品种的应用前景乐观

彩色花生系列花生新品种，是河北省磁县科协高级农艺师王保圣等同志，在长期的农技服务中收集花生自然变异种、杂交种，结合现代育种技术培育的花生新品种。该系列品种的特征是种皮颜色各不相同。

彩色花生系列品种全部选择了直立型和半直立型的遗传基因，株高一般在35～50厘米，大部分有侧枝，一般在45厘米左右，株型紧凑，结果集中，便于田间管理，均具有很好的丰产性能。彩色花生系列中的圣洁品种、紫玉品种、红钰品种和墨香品种集中了大花生的优点，为大花生的衍生变异种，但又具有小果型的特征；粉玉、红豆2个品种是珍珠豆型衍生变异种，既集中了珍珠豆型花生的优点，又基本保留了珍珠豆型的特征；雪宝品种是大果型、小果型与串珠型多种基因结合的衍生种，荚果是仿龙生型中的蜂腰形，果型小，果壳特薄，果仁似大花生果粒，饱满出仁率高；彩色花生的彩纹品种则是多粒型、珍珠豆型、普通型衍生种，荚果是典型串珠型，丰产潜力大。

彩色花生面市后，自1996年开始，被各地引进试验、示范栽培，截至目前，先后在东起山东省沿海，西至陕西省，南自广东省，北到辽宁省的大范围应用乃至推广，均取得较高的产量和较好的经济效益。中央电视台的《每日农经》栏目、河北电视台的《三农最前线》栏目、邯郸电视台的《希望的田野》栏目等全国30余家媒体，先后对彩色花生系列新品种做过专题报道，《农业新技术》给予"产量高、产值高、营养价值高的花生珍品"的赞誉。彩色花生系列新品种获2004～2005年度河北省金桥工程推广项目二等奖，2005年获河北省特色农业精品特等奖，同年经评审确定为2006年度"中国科协科普资助项目"，2007年获第十七届全国发明展览会银奖。

在国家繁荣昌盛，人民生活水平提高，人们追求营养健康的今天，作为食疗营养保健品的花生珍品——彩色花生的推广应用前景乐观。

第二章　花生的分类和各生育期的发育特征

第一节　花生的分类

花生的品种类型很多，由于株型受环境条件影响较小，所以是花生品种分类的主要性状之一。按照植株主茎长度和侧枝生长的形态及侧枝与主茎长度的比例可分为蔓生型（匍匐型）、半蔓型和直立型 3 种。按生育期来分，有早熟种（100 天以下）、中熟种（130～160 天）和晚熟种（160 天以上）3 种。按百仁重来分，有大花生（百仁重 80 克以上）、中粒型（百仁重 50～80 克）、小花生（百仁重 50 克以下）3 种。20 世纪 50 年代，我国的花生育种专家、学者就根据品种的特征、特性将花生品种划分为普通型、珍珠豆型、多粒型和龙生型 4 个类型。半个世纪以来，花生育种界的专家们，采取有性杂交、激光和原子辐射、人工诱变手段等现代育种技术，培育出大批花生新品系和新品种。有些品种按其特征特性很难归于上述四大类型中任何一种类型，我们只能将其暂且划归为其他中间型。

一、普通型

普通型是我国北方种植的传统类型，栽培面积最大。普通型花生茎枝粗壮，有棱角，中空。茎枝花青素不明显，呈绿色。主茎完全是营养枝，不开花，属交替开花、分枝型。侧枝较多，常有多次分枝，总分枝可多达 20 个以上。小叶呈倒卵圆形，叶色呈绿色或深绿色。单株开花量多，一般在150朵以上。又分直立、半蔓和蔓生3种亚型，直立及半蔓生型株型紧凑，结果集中，易收获；蔓生型结果多，抗病、抗旱、耐瘠薄，适于山区、丘陵、沙荒地种植，但成熟晚，结果分散。荚角茧状，个别为葫芦型，果嘴不明显，有明显的网纹，网纹较平滑，一般1个荚果2仁，水肥、气象条件适宜时，能形成少数3粒果。种皮多为粉色或深粉色，果仁较大，所以也称为大花生。种子发芽较慢，要求温度较高，生育期140天以上，全生育期要求积温3200℃～3600℃。种子休眠期长，一般在50天以上，个别品种长达90天以上。由于其生育期较长，成熟较晚，故多用于春播。这类花生含油和蛋白质适中，可以榨油，也可以食用，是我国出口花生的主要类型。该类型的典型代表品种有鲁花4号、花17等。

二、珍珠豆型

该类型的花生茎粗而丛生，株型直立、紧凑。主茎较高，分枝较少，单株总分枝不超过10个。茎枝花青素不明显，颜色较浅，呈黄绿色。小叶片较大，椭圆形，浅绿色或黄绿色。开花早，主茎7片真叶开始现花，主茎开花。属连续开花、分枝型。开花集中，花期短，花量少，单株开花一般50～80朵，花芽分化早，节位低，有地下花，统称为直立小花生。荚果较小，荚果茧状或葫芦状。果壳较薄，网纹较细，果嘴较明显，果仁多为桃形，果皮多为粉色。出仁率高，一般在70%以上。其种子含油较高，适于榨油，又由于其含亚油酸较高，烘烤之后香气浓。一般表现为早熟，生育期短，春播130天左右，夏播100天左右，要求生育期积温2800℃～3000℃。种子休眠期不明显，成熟后遇旱再遇雨在地里发芽造成损失。该类品种特点是早熟，结果集中，成熟整齐，籽粒饱满。缺点是抗旱、抗病、抗虫性能较弱，适于在两熟地区和东北早熟花生区种植。该类型典型代表品种有鲁花3号、白沙1016、锦系1号等。

三、多粒型

多粒型花生株型直立，疏枝型。茎枝粗壮高大，主茎茎部有4～5个营养枝，前期向上直立生长，后期向四周倾斜，各节均能长出花枝，分枝少而长，二次分枝少，但无三次分枝现象，茎枝上有疏而长的茸毛。大都有花青素，中后期呈红色或紫色。子叶较大，叶脉明显，叶色浅绿色或绿色、深绿色都有。花期长，数量多，属连续开花型，中上部无效花多，地上部成针率高，入土成果率低。荚果多为串珠型，果壳厚，网纹平滑，果嘴、果腰不明显，大多数荚果含种子3～4粒。种子呈不规则形或三角形、圆锥形、圆柱形。种子相邻处有截面。种皮颜色多为红色或紫红色。早熟型品种，生育期120天左右，需积温2 700℃～2 900℃。种子休眠期短，收获不及时极易发芽，该型品种优点是抗旱、早熟、结果集中，籽粒饱满，适宜在无霜期短的东北地区栽培。缺陷是种皮味涩，种仁口味较差，油脂的质量相对也较差。典型的代表品种有山东四粒红、辽宁连花1号等。

四、龙生型

株型蔓生，茎枝截面为圆形实心，常生茸毛。茎部花青素多，呈紫红色。主茎上完全是营养枝，不开花。植株的侧枝较长，分枝性强，常有第四次分枝。水肥充足，气候适宜，化学调控不当，单株总分枝可达百余条以上。小叶片倒卵圆形或宽倒卵圆形，叶面和叶缘有明显茸毛，叶色多为深绿色或灰绿色。交替开花型，条件适宜，单株开花可达千朵，花期长，收获时仍能开花。最突出的特点是荚果曲棍状或蜂腰状，每荚种子多在3粒以上，果壳有薄有厚，网纹深。因有明显的果嘴和龙骨（背脊），形状似龙而得名。其果仁稍小、三角形，先端和基端往往有斜截面，又称小粒种。生育期150天以上，需积温3 300℃～3 500℃，种子休眠期长，适宜春早播。优点是抗病、抗旱、耐瘠薄性特强，适宜沙滩、丘陵地防风固沙、保持水土、培肥土质栽培。水肥条件好，化控适时，高产潜力大。这类花生含油量较低，蛋白质含量较高，食用香味浓、风味好。在栽培上具有抗旱耐瘠的优点，但荚角易遗失在土中。彩色花生系列彩纹品种是该类型中的优秀典型品种。

五、其他中间型

20世纪80年代以来，各地花生育种专家充分利用杂交、辐射、诱变等现代育种技术手段，培育了一大批新品种和衍生新品系。为了便于性状区别，暂把该类型品种划归为其他中间型。该类型品种具有三大特点：一是植株中等或稍高，株型直立，中、小型叶片，叶色一般较深。连续开花，连续分枝，但分枝较少，开花量大，受精率高，成果、饱果、双仁果率高。荚果大多为普通型或葫芦型，以大果型较多，也有小果型或偏大果型，网纹较浅，出仁率高。早熟或中熟品种，生育期100～150天，种子休眠期一般为50天左右，个别品种休眠期较短，典型的代表品种有海花1号、鲁花8号、豫花6号、天府3号、滁州68-4、花37号以及彩色花生系列的圣洁、粉玉、红豆、珍珠红、紫玉和墨香等品种。二是适宜栽培区域广泛。如海花1号、花37号等品种已在全国各地乃至东北等高寒地区成为当家品种。天府3号已遍布晋、冀、豫、陕、皖等省。滁州68-4也在华北、东北、山东等地推广。而彩色花生系列品种，也在面市短短的几年内，已经在东起山东省沿海，西至陕西省，南自广东省，北到辽宁省的大范围示范推广，充分证明了该类型产品的推广前景。三是该品种的丰产性好，在不同区域的不同条件的大面积栽培中，每667平方米产量普遍均衡地稳定在300千克以上，而各地每667平方米产量达600～700千克及以上的高产典型则是数不胜数。该类品种更新原有品种的趋势已成定局。

第二节　花生各生育期的发育特征

花生从出苗到荚果成熟，所经历的各个时期的总天数称为花生的生育期。在栽培中，一般将花生的整个生育过程分为种子萌发出苗期、苗期、开花下针期、结荚期、饱果成熟期5个生育时期。

一、种子萌发出苗期

从花生种子播种到50%的幼苗出土，并展开第一对真叶时，为花生的出苗期。这段时间一般为10天左右，夏播或地膜覆盖，时间较短；露地春早播，地温偏低或土壤偏干，则时间偏长。

花生种子发芽的最低温度为12℃～15℃，最适温度为25℃～37℃，40℃以上不宜出苗。最适宜的土壤含水量为田间土壤持水量的50%～60%。土壤含水量低于40%，直接影响种子吸水膨胀发芽；土壤含水量超过60%，水分过多，土壤板结或播种过深，会引起种子窒息造成烂种而影响全苗、壮苗。因此，花生种子发芽出苗期间，需要适宜的温度、足够的水分和氧气，来促使子叶内贮藏的营养物质转化为供应发芽和生长所需要的养分，才能保证花生正常出苗。凡是完成了休眠并具有发芽能力的种子，在适宜的外界条件下即能萌发。花生种子播种后，在温暖湿润的土壤中，首先吸收相当于本身自重50%左右的水分，才能开始萌发。种子发芽时，胚根迅速向下生长，接着是胚轴向上生长并能很快长出侧根。随着胚芽的增长，种皮破裂，子叶张开，胚轴在黑暗的条件下持续生长，将子叶推向地面，子叶在接近地面见光后，阳光从土壤缝隙间照射到子叶节上，破坏了胚轴在黑暗中生长的条件，分生组织细胞停止分裂增生，下胚轴停止生长，子叶不能被推出地面，称之为子叶半出土。如遇阴天或在沙土中播种较浅，在温度、水分适宜的条件下，子叶可部分露出地面。下胚轴停止生长后，上胚轴接着迅速生长，当第一对真叶伸出地面并展开时，称为出苗。等到第二对真叶展开时，出苗期结束。花生出苗时，两片子叶一般不出土，在黑暗中或出苗遇阴天时则偶尔可以出土。花生能否良好出苗的首要因素是种子的活力和种子的生理状态。已完成休眠、活力强的种子在适宜的土壤水分和温度等环境条件下才能顺利出苗。

二、苗　期

花生从50%的幼苗出土到有50%的植株第一朵花开放为苗期，苗期以营养生长为主，是侧枝分生、花芽分化和根系伸长的主要时期。花生苗期的长短因品种和环境条件不同而异，一般为25天左右。

种子发芽后，胚根迅速生长，苗期的根系生长较快，4列侧根由水平伸展转向垂直伸展，并大量分生。有些品种可形成强大的根系，出苗后10天主根可达40厘米左右。主根、侧根基部开始增生肉眼可见的初生根瘤。初生根瘤与花生是寄生关系，需要从花生植株中吸收氮素及碳水化合物来维持本身繁殖和生长。植株的发育在侧枝形成后转向侧枝生长，主茎高度一般为10厘米左右，在花生类型和品种之间差异很大，一般多粒型品种主茎高些，珍珠豆型品种的主茎一般高于普通型品种，在普通型中从生品种显著高于蔓生品种。花生分枝因品种类型和栽培条件而异，一般普通型比珍珠豆型和多粒型的分枝多；同一品种类型，一般肥水大的，分枝也会相应增多。花生出苗后，叶片不断形成，在一般气候条件下，主茎和侧枝的叶片数比较稳定，地上部分生长较缓慢。到始花期后，第一对分枝的长度才接近或超过主茎，主根可深达50～70厘米，并长出50～100条侧根，根瘤开始形成。花生苗期最适气温为20℃～22℃，平均气温超过25℃，可使苗期缩短，使基节拉长、茎枝徒长；平均气温低于19℃，茎枝分生缓慢、花芽分化慢，始花期推迟。花生苗期需水量最少，占全生育期的5%左右，最适宜的土壤含水量为田间最大持水量的45%～55%，低于35%新叶不展现，花芽分化受抑制，始花期推迟；高于65%时，易引起茎枝徒长，不利于蹲苗、根系发育和花器形成。每天最适宜光照时间为8～10小时，少于6小时，茎枝生长迟缓，花期提前；多于10小时，茎枝徒长，花期推迟。

三、开花下针期

花生从50%的植株开始开花到50%的植株出现鸡头状的幼果，为开花下针期（即始花期至盛花期），北方春播花生需25～35天，南方缩短5～10天，夏播花生缩短10天左右。此阶段根系增粗增重，大批根瘤发育形成，固氮能力迅速增强，开始向植株供应氮素营养。叶片增长达到盛期，营养体生长显著加快，叶片数、叶面积迅速增长。这一时期开花数通常可占总数的 50%～60%，第一对侧枝的有效花芽基本全部开放，形成的果针数可达果针总数的 30%～50%，并有相当多的果针入土。但生殖器官内的干物质数量还很少，占这一时期干物质积累总量的 50%左右。花针期不是植株生长的最盛期，在花针期末，叶面积系数一般还不到最高值。单株盛花期不是一个明确固定不变的时期，但单株盛花期的早晚，大体上可指示成熟期的早晚，也是植株进入营养生长期的一个标志。开花下针期对气温、土壤湿度、光照和营养元素要求较严格。最适宜的白天温度为 25℃～28℃，低于 20℃ 或高于 30℃时，影响花生各部器官的发育，开花量明显降低，短期低温后，2～3 天内开花数减少。在此期间，茎枝生长迅速，对水分要求较高，约占全生育期的 25%。30 厘米以上土壤最适宜的含水量为田间最大持水量的 60%～70%。花针入土也要求土壤湿润，如遇干旱，土壤含水量低于田间最大持水量的 45%，不但影响茎叶生长和果针入土而且会延缓花芽分化过程，减少开花数量，甚至中断开花，减少果针的形成和入土数量；水分过多，超过田间最大持水量的 80%，则促使茎枝徒长，减少开花数量。最适宜的光照时数为每天 6～8 小时，少于 5 小时或多于 9 小时，开花量都会降低。短日照能使花生始花、盛花期提前，但会减少开花总数。光照强时，花芽分化好，开花早而多；光照弱，则延迟开花，减少开花数量。此期间对氮、磷、钾等元素需求量大，如果养分不足也会阻碍花芽分化和营养体的生长，使开花数减少。

花生的每一朵花，通常在前一天的傍晚，花蕾已发育完全，萼片微裂，从裂缝可以看见露出的黄色花瓣。在夜间，花萼管伸长很快，至清晨开花时可伸长达3～4厘米。在花的发育过程中，雌蕊、雄蕊和花萼管的生长速度相当协调，花瓣开放之前是雌、雄蕊生长发育盛期，在开花前1～8小时花药即可成熟，由于龙骨瓣的紧扣，雄蕊管急剧伸长，当花药接近柱头时即裂开散粉，而后花瓣张开，基本上日出时即已完成。这一系列活动保证了花生自花授粉的延续。花生从授粉到受精完成需要10～18个小时，温度低于18℃或高于35℃都不能受精。花朵的凋谢时间因品种而异，大多数品种在开花当天中午即已开始凋萎。一朵花从初开（旗瓣微裂）到全开（旗瓣全部张开），一般需要0.5～1小时；其开放时间，在晴天早晨的5～7时，阴雨天略有延迟。调查数据证明，在正常的气候条件下，大田花生单株开花50～200朵，早熟品种从始花至终花需50～70天时间，晚熟品种80～120天。

花生开花受精后，花即逐渐凋谢，子房基部分生组织细胞迅速分裂，形成子房柄。子房在子房柄的顶端呈针状，所以把子房和子房柄合称为果针。花生的成针率占开花总数的30％～70％，果针尖端的表皮细胞木质化，形成帽状物，以保护果针入土。果针根据扎针部位的高低需4～10天进入土中，果针入土的深度，因品种类型及着生部位不同而深浅不一。一般珍珠豆型花生，果针入土较浅，为2～5厘米；普通型花生，果针入土较深，为4～7厘米；龙生型花生果针入土更深。果针着生部位也影响入土深度，一般着生在基部的入土较深，而着生在高位节上的入土较浅。至于果针能否入土，主要取决于果针穿透能力、土壤阻力以及果针着生位置高低。果针入土后，生长减慢，入土能力降低，子房开始发育，形成荚果。

四、结荚期

花生从50%植株出现鸡头状幼果到50%植株出现饱果的这段时间为结荚期，是花生生长最旺盛的时期，一般需要40～50天。此期花生生长的特点是大批果针入土发育成幼果，开始膨大至大部分荚果形成。同时，营养生长达到最盛期，并随即下降、衰退，由营养生长与生殖生长并进阶段转为以生殖生长为主的阶段。此期形成的果数一般可占最后总果数的60%～70%，有的可达到90%以上，果重占总量的30%～40%，有时可达50%。叶面积达到一生中最高值，积累的干物质为总干物质重量的50%～70%，其中50%～70%分配在营养器官。在土壤肥力足、高温多湿的情况下，叶面积的增长率在结荚初期达到高峰，在一般栽培条件下，其增长速度已经下降。此期间最适宜温度为25℃～33℃，结实层地温为26℃～34℃，低于20℃或高于40℃对荚果形成发育都有影响。由于气温高，蒸腾量大，需水量最大，占全生育期总量的50 %以上，要求田间最大持水量为65%～75%。结实层低于最大持水量的30%，荚果不能充实饱满，高于85%，易发生烂果。

在最适宜的栽培环境下，荚果生长发育还必须具备下述条件。

1. 黑暗 花生受精的子房必须在黑暗条件下才能膨大。不能入土而悬空的果针不能发育成荚果。已入土果针即使子房膨大，如再露出土壤见光，便立即停止发育。为提高花生结荚数，增加产量，应在花生下针结荚期进行培土，目的是缩短果针入土距离，使大部分果针能插入土壤中。

2. 机械刺激 荚果正常发育需要土壤等物质的机械刺

激。如使果针伸入一暗室中，并定时喷洒水或营养液，使果针处于黑暗、湿润、有空气和矿物质营养的条件下，子房虽然膨大，因无机械刺激也不能正常发育。

3. 水分 结荚期土壤含水量以田间最大持水量的60%～70%为宜。当结荚期干燥时，即使花生根系能吸收充足水分，其荚果也不能正常发育。过湿则会影响荚果的呼吸作用，从而造成烂果。

4. 氧气 花生荚果发育过程中的代谢活动相当旺盛，它需要充足的氧气。在排水不良的土壤中，即使养分充足，由于氧气的不足，也会造成荚果发育缓慢，结荚少，荚果小，空果、秕果多，易烂果。

5. 营养 花生除根系吸收营养外，子房柄和子房入土后也能吸收土壤中的养分。结荚层土壤缺氮、磷元素，只增加秕果而不产生空果。缺钙不但秕果增多，而且还会产生空果。根系吸收的钙绝大部分保留在茎中，当结荚层缺钙时，根系吸收的钙尽管运向荚果的数量增加，但也满足不了荚果发育的需要。

6. 温度 荚果发育所需时间长短和发育好坏与温度有密切关系。科研数据表明：荚果发育要求结荚层的温度在15℃以上，18℃～30℃最为有利。温度降至15℃，荚果停止发育。珍珠豆型品种从果针入土到荚果成熟约需45天，需15℃以上积温480℃左右。普通型品种约需50天时间，需15℃以上积温570℃左右。

五、饱果成熟期

花生从50%的植株出现饱果到荚果饱满、成熟收获，称饱果成熟期，因花生品种不同约需30天。其生育特点是营养生长逐渐衰退、停止，生殖器官大量增重，是生殖生长为主的时期。营养生长的衰退表现在株高和新叶的增长接近停止，绿叶面积迅速减少，叶色逐渐变黄，部分脱落，根的吸收能力显著降低，根瘤停止固氮，逐渐老化破裂。茎叶中所含的氮、磷等营养物质大量向荚果转移。生殖生长的表现主要是荚果迅速增重，这时果针数、总果数基本不再增加，饱果数和果重则大量增加，一般可占总数的 50%～70%，是花生荚果产量形成的主要时期。此阶段要求平均气温略低于 20℃，以利于地上部茎枝枯萎，叶片脱落，缩短光合产物向荚果转移的功能期。结实期地温低于 18℃，荚果就停止发育。如果结实层平均地温高于 18℃则能延长营养体功能期，使荚果产量显著增高。此期间耗水量占全生育期的 18%左右，要求土壤湿度是田间最大持水量的 40%～50%，低于 40%根系受损、枝叶枯衰脱落影响荚果成熟；高于 60%，籽仁充实减缓。在不同的栽培条件下，饱果期营养生长的衰退和荚果增重情况有很大变化。正常状态是营养生长缓慢衰退，既可保持较多的叶面积和较高的生理功能，又能有较多的干物质运向荚果。因此，掌握花生饱果期的生育特点及荚果发育规律，创造适宜的条件，对提高结果率和饱果率，增加产量，具有重要意义。

第三章　花生生长发育需要的自然条件和营养成分

第一节　花生生长发育需要的自然条件

一、水　分

水分是花生种子由休眠到生长发育的一个先决条件。据测定，花生种子播种后，在温暖湿润的土壤中，要吸收自重的50%的水分时才能萌发；到出苗时的耗水量，相当于种子自身重量的4倍。出苗后，要求田间持水量在40%～50%，低于40%根系生长受阻，影响花芽分化。健壮生长的花生植株，本身含水量约为75%，不足时则表现出萎蔫现象。花生在花芽分化时期的田间持水量达60%时，花芽增加显著，开花量多。开花期夜间空气相对湿度为95%时的成针数，约是相对湿度为50%～70%时的5倍。空气湿度过高或过低对开花和下针均有一定影响。花生结荚期是营养生长的盛期，是花生一生中需水量最多的阶段，此阶段田间持水量以60%～70%为宜，田间持水量低于这一界限，对开花受精、果针入土和荚果发育都有影响。如果土壤水分过多，当田间持水量达80%时，不仅会引起茎叶徒长，开花减少，造成倒伏，而且会影响根系和荚果的呼吸作用，不利于养分的吸收运转和荚果的发育膨大，从而影响产量和品质。花生饱果期的田间持水量以保持在50%～60%为宜，如果低于50%则影响果仁饱满、出仁率和含油量；田间持水量超过 70%，会造成大量烂果。花生的整个生育期需水特点是：苗期需水少，开花结荚期需水多，成熟期需水量少。据测定，在花生全生育过程中，每生产 1 千克干物质约需耗水 450 升。

二、温　度

花生是喜温作物，温度对花生的生长发育影响很大，不同的花生品种和花生的不同生育期对温度的要求有所不同，对最低温度、最高温度、最适温度有着严格的要求。

花生的播种期主要根据温度来确定。不同类型品种的花生种子，其发芽出苗所需要的温度有一定差异。珍珠豆型、多粒型花生发芽的最低温度是 12℃，最适宜的发芽温度是 23℃；普通型、龙生型花生发芽的最低温度是 15℃，花生种子发芽的最适温度为 25℃～35℃，达到 40℃则发芽受阻。超过 47℃时种子不能发芽。苗期所需温度以 20℃左右为宜，温度过高过低都会影响幼苗正常生长。低温能推迟花芽分化，导致盛花期和终花期后延，开花时间缩短。开花期间短时间低温会严重影响开花。开花前的 3 天内出现低温，开花数量明显减少，在最适温度 23℃～28℃时，开花最多；低于 21℃或高于 30℃都明显减少开花数量。花生开花下针期对温度要求较高，适宜的日平均温度为 21℃～30℃；低于 18℃或高于 35℃时，影响花粉粒发芽和花粉管伸长，不能受精结荚。

荚果发育所需时间的长短及其发育的好坏与温度关系密切。据实验，荚果发育的最低温度为 15℃～17℃，最高温度为 37℃～39℃，适宜的温度为 25℃～33℃。花生从种子萌发到开花约需大于 12℃的有效积温 400℃；从果针入土到荚果成熟需大于 15℃的有效积温 450℃～560℃。不同品种生长发育所需有效积温也不相同，如普通型花生全生育期需要3 300℃～3 600℃，珍珠豆型花生全生育期需 3 000℃左右，多粒型需要 2 700℃～3 000℃，龙生型需要 3 300℃～3 500℃。各生育期最适宜积温分别为出苗期 250℃，苗期 550℃，开花下针期 700℃，结荚期和饱果成熟期为 900℃左右。

三、光 照

花生属短日照作物，每日平均 8～10 小时的日照时数就能满足花生生长需要，在短日照下通过光照阶段就能正常生长发育。光照是直接影响花生产量的重要因素，主要表现在：光照面积、光照时间、光合能力和产物在花生植株的利用和分配上，日照长短和光线强弱对花生的生育有一定的影响。

1. 光照面积 花生植株上具有叶绿素的器官都能进行光合作用，叶片是进行光合作用的主要器官。花生的生物学产量和实际产量，由叶面积系数所决定。叶面积系数过大，下部叶片接受光照不足，光合产物少，不够这部分叶片本身的消耗，平均净同化率就低，产量就下降。叶面积系数过小，则光合面积小，不能充分利用光能，单位面积产量也低。

2. 光照时间 光合作用时间越长，光能利用率越高，合成的有机物质越多。一般中、晚熟品种由于生育时间长，光合作用时间长，产量比早熟品种高。

3. 光合能力 花生的光饱和点高，对弱光有一定的适应能力，所以说花生增产潜力大。对花生光合能力影响的因素有光合强度、温度、二氧化碳浓度、水分和营养物质等。

4. 光合产物的分配和利用 花生各个生育时期有不同的生长中心，叶片进行光合作用所产生的有机物质，按不同叶位同侧运输，就近供应，首先分配到生长中心。营养生长时期幼苗的生长中心是根、茎(分枝)和新叶。生殖生长时期的生长中心是生殖器官,如花、果针、荚及种子。光合作用产生的有机物质就近输入这些生长中心,供它们利用。

花生苗期及开花下针期对光照的强弱反应很敏感。日照弱,主茎节间长,分枝少,使始花、盛花期都有所延迟,开花数减少;良好的日照条件,可使节间紧凑,分枝多,花芽分化良好,总花量增多。据研究,花生的子房在光照条件下不会膨大结荚,黑暗是子房膨大的基本条件,花生结荚对黑暗的要求,只局限于结荚的前期,即入土后20~25天以前,花生在地里(黑暗条件下)发育到子叶形成期和真叶分化期,才能入地结荚,以后即使将荚果暴露在光照下,荚果依然能继续发育,充分成熟。不同光强和光质对子房的影响也有差异。光线越弱,荚果发育越好;反之,则越差。

四、土　壤

土壤对花生的生长发育和营养元素的供应起着重要的作用,栽培花生的土壤应该是排水良好、空气流通、土质松散、易于收获荚果的沙质壤土;土壤中含钙量充分,才能使荚果中的花生仁占有的比例高;土壤中有机质含量适宜,保证水分和营养元素充分供给植株需要。栽培花生要求有30厘米深的土壤耕作层,干时不散不板,湿时不黏结。表土层10厘米处是花生下针结果层,要求是浅色松散的沙质壤土或粗沙质壤土。大部分根系分布在耕作层中,心土层花生根系较少,主要起保蓄、供应水分和养分的作用。底土层对水分的排泄影响很大。在30厘米的耕作层中要求土壤有机质含量平均为0.656%、全氮0.05%、全磷0.127%、速效钾107毫克/千克、代换性钙0.226%。

五、氧　气

花生种子发芽出土、荚果发育、根瘤菌的繁殖活动都需要良好的土壤通气条件。在土壤水分过多,氧气不足的条件下,植株会进行无氧呼吸,复杂的有机物质氧化分解不完全,放出的能量少,而且还会产生有毒物质。种子发芽期间,若长期缺氧,易发生烂种;荚果发育过程中,浸在水中的果针、荚果发育不良,生产上会见到渍水烂果现象;氧气不足,根瘤菌的活动减弱,数量显著减少,固氮能力弱,植株生育不良。

第二节　花生需要的主要营养元素及生理功能

花生在生长发育过程中,除部分氮素由根瘤菌提供外,还必须经由根部从土壤中吸收充足的多种营养元素,才能满足生长需要。主要有氮、磷、钾、钙、镁、硫等大量元素和硼、钼、铁、锌、锰、铜等微量元素。各营养元素在花生的生长和发育过程中都有其独特的生理功能。

一、氮

花生所需要的氮素营养成分是以铵态氮和硝态氮的形式吸收的。主要来源有土壤供氮、肥料供氮和根瘤菌固氮 3 种形式。花生对氮肥中的氮当季吸收利用率为 50%左右。花生对氮素的吸收,随生育的进展和生物产量的增加而增加,以花针期和结荚期最多,幼苗期和饱果期较少,氮素主要参与蛋白质、叶绿素和磷脂等的合成和生理功能中的物质代谢过程,促进花生生长发育、开花结果及籽粒的饱满。

氮元素是花生体内许多重要有机化合物的组成成分，对花生的生命活动有重大作用。氮素直接参与蛋白质和核酸的合成，也是叶绿素、各种酶、维生素和生物碱的组成成分。当氮素供应适宜时，花生生长茂盛，叶面积增长快，叶色绿，光合强度高，荚果饱满度好。缺氮时花生植株发育不良，叶色变黄、叶片小、植株矮、开花少、分枝减少，光合强度低，荚果饱满度差，产量低；若氮素过多则会使植株徒长倒伏，贪青晚熟，不利于荚果生成和果仁的饱满，从而造成减产。

二、磷

磷以磷酸状态被花生吸收和利用，以磷脂、核蛋白等有机状态存在于花生种仁中，花生对磷的吸收量虽比氮和钾少，但是磷对花生的生育和产量所起的作用却十分突出。磷素参与有机磷化合物的合成，是遗传物质核糖核酸和脱氧核糖核酸的必需成分。在花生生育期，磷酸以无机状态存在于茎叶等器官中，参与植株机体的碳氮代谢过程，对光合作用的进行、蛋白质的合成和油分的转化起着重要作用。磷能有效地增强根瘤菌的固氮能力，改善植株氮素营养，起到“以磷增氮”的作用。磷素还能提高花生的抗逆性，如抗旱性、耐涝性等。施用磷肥有极显著的后效。

缺磷植株生长缓慢，矮化，分枝少，根系发育不良，次生根少，叶色深绿色、发暗、无光泽，由于花青素的积累，下部叶片茎基部常呈红色或有红线。花苗期，天气寒冷的情况下，往往出现严重缺磷症状，但当天气转暖，根系扩展后，症状一般消失。整个花生生长过程对磷素的吸收分配，是开花下针期和结荚期多，幼苗期和饱果期需要少。幼苗期的运转中心是茎部；开花下针期运转中心由茎部转向果针和幼果；结荚期运转中心仍集中在早果针和幼果；饱果成熟期的运转中心转向荚果，对提高饱果率起决定作用。

三、钾

钾被吸收后，在植株体内，可溶性盐以离子状态吸附在原生质表面。钾素虽不是有机物质的组成部分，但其参与各种生理代谢活动，能提高光合作用强度，促进糖代谢和蛋白质的合成，加速光合产物积累、运转和分配，调节叶片气孔的开闭和细胞的渗透压力，提高花生的抗病、抗旱、抗倒伏、耐涝和耐寒能力。钾充足时，植株生长快，酶的活性强，从而提高了光合强度，尤其是弱光下的光合强度；供钾充足的植株吸收氮素多，合成蛋白质的速度快；供钾良好的条件下，花生根瘤菌的固氮能力比低钾条件下的提高2～3倍。缺钾花生叶片呈深绿色，叶缘棕色焦灼，有黄斑，向下卷，碳氮代谢失调，光合生产率下降。

钾在植株中的移动性强，随着花生的生长发育钾很容易从老化的组织向幼嫩的组织移动，所以幼芽、嫩叶和根尖中含钾量都较高，而在成熟的老组织和籽仁中含量较低。

花生对钾的吸收以开花下针期最多，结荚期次之，饱果成熟期较少。

四、钙

花生属于喜钙的豆科作物之一，其钙含量高于磷而接近于钾，与同等产量水平的其他作物相比，约为水稻的5倍，小麦的7倍，大豆的2倍。缺钙时，花生种子的胚芽变黑，荚果发育减退，花生的使用价值降低。在严重缺钙的情况下，植株表现出黄化，叶柄脱落、凋萎，顶部死亡，根系不发达，甚至不能形成正常根系，泡果多，籽仁秕小，单仁果多。

钙是花生生长发育所必需的主要元素之一。钙能加强氮素的代谢，促进花生根系和根瘤菌的形成发育，有利于荚果充实和饱满，减少空壳，提高饱果率。钙是果胶酸钙的组成部分，有助于细胞的结合，并为细胞分裂所必需。钙是若干酶系统的活化剂，在代谢活动中起着重要作用。钙能调节土壤酸碱度，减轻过多铝、钠的毒性，促进土壤微生物的活动，并能提高对某些必要元素的吸收利用能力。

钙在花生植株体内流动性差，在花生植株一侧施钙，并不能改善另一侧的果实质量。根部吸收的钙，不能大量地输送到荚果中去，叶片所吸收的钙，只有5%～10%可运至荚果中，只有果针和幼果所吸收的钙大多积累于荚果中。花生不同品种类型对钙的吸收量不同，基本顺序是：蔓生型＞丛生型＞直立型，大果型品种＞小果型品种，普通型品种＞珍珠豆型品种。花生不同生育期对钙的吸收，以结荚期最多，开花下针期次之，幼苗期和饱果期较少。

五、镁

镁是叶绿素和多种酶的组成部分。镁能激发磷酸转移酶的活性，促进磷酸盐的运转。镁有助于碳水化合物的代谢，还参与脂肪的代谢；还能促进维生素A和维生素C的合成，从而提高花生的品质。土壤中缺镁会使花生顶部叶片叶脉间失绿，茎秆矮化，严重缺镁会造成植株死亡。但镁的含量过高，会使钙的含量降低。

六、硫

硫是蛋白质的重要组成成分之一。硫对叶绿素的形成有一定的影响,缺硫时,叶片中叶绿素含量降低,叶色变淡黄,严重缺硫时叶片变成黄白色,叶片寿命缩短。硫还能促进根瘤形成,增强果柄耐腐烂的能力,使花生不易落果和烂果。花生缺硫与缺氮很难区分,不同点是,缺硫黄化首先表现于顶端叶片。

七、锌

锌参与核素和生长素的代谢,遗传物质 DNA 和 RNA 聚合酶也是含锌金属酶。所以,锌能促进花生的生长和发育。锌还能改善钾和镁对膜的渗透,促进花生对氮、钾、铁的吸收利用。我国土壤含锌量平均在 100 毫克/千克左右,有效态锌含量范围为 0.1～13.8 毫克/千克。土壤中有效锌含量本来就不多,施用氮肥过多就更会导致土壤中有效锌的不足。施用锌肥,可以明显提高产量。缺锌时,生长代谢缓慢,光合作用减弱,花生叶片发生条带状失绿,失绿条带普遍在叶片上最接近叶柄的部分,严重缺锌时,花生整个小叶失绿,节间短,植株矮小,生长受抑制,产量降低。所以锌肥既有防治作物病害的作用,还能提高农作物品质,提高花生油的质量。

八、硼

硼是多种作物所必需的营养元素之一。硼比较集中地分布在茎尖、根尖、叶片和花器官中。硼能加速糖的运转,参与植物生长素和酚化物的代谢。硼还能促进生殖器官的正常发育:硼能刺激花生花粉萌发和花粉管伸长,有利于受精和结实。硼能促进钙的吸收。花生缺硼时,影响根尖和茎尖的生长,造成花生展开的心叶,叶脉颜色浅,叶尖发黄,老叶颜色发暗,叶片厚实呈褐色;植株矮小瘦弱,分枝多,呈丛生状;生殖器官发育不良，开花很少，甚至无花；最后茎尖及根尖生长点停止生长，以至枯死；根容易老化，分生侧根的能力弱，须根很少，下针少，影响荚果和籽仁形成。在花生结果期间缺硼，花生结荚受到严重抑制，荚果空心，籽仁不饱满，不能形成种子。当硼素过多、引起中毒时，叶片中铁、蛋白质和叶绿素含量减少。

我国土壤含硼量平均为 42～88 毫克/千克，但水溶性硼含量很低，基本上都低于 0～0.58 毫克/千克，平均 0.14 毫克/千克，除个别土壤外，基本上都低于 0.5 毫克/千克（缺硼的临界浓度）。研究证明，在硼供给较差的各种土壤里，施用硼肥对粮、棉、油、糖、果等作物的产量和质量都有提高作用。施硼的效果在甜菜及各类块根作物、豆科和十字花科植物上反应明显。在一些酸性有机物质含量低的土壤施硼，花生可增产 15%。禾本科植物一般需硼较少，但在严重缺硼情况下，施硼仍有良好的效果。在我国大部分地区都已证明，在豆科、绿肥等作物上施硼有增产作用。

九、锰

锰是植物体内脱氢酶、羟化酶、激酶、氧化酶等多种酶的组成成分，又是酶的活化剂。在光合作用过程中，锰参与氧化—还原反应，水的光解和氧的释放。锰还能促进花生从外界环境中对离子的选择吸收，从而促进花生的氮素代谢、淀粉水解和糖的转移，提高花生发芽率。植物缺锰时，失绿症状很明显，易引发植物各种代谢过程受阻，造成减产。叶脉间组织缺绿而叶脉本身仍保持绿色，叶缘上有棕色斑点。花生是较耐过量锰的作物，但超量过多，叶片上会出现坏死斑症状。在酸性土壤中，锰的有效性较高，而在石灰性土壤中，锰的有效性下降，易出现缺锰现象。

我国土壤南方酸性土壤里含锰量和有效态锰较多，而在北方石灰性土壤中含锰量和可溶性比例都比较低，所以北方地区施锰肥效果好于南方。锰肥对大豆、花生比较敏感，施了锰肥可以提高产量，在缺锰的土壤上施用锰肥，有明显的增产效果。

十、钼

钼是硝酸还原酶和固氮酶的组成成分，能促进根瘤菌的固氮作用，可使根瘤菌和其他固氮微生物对空气中的氮素的固定能力提高几十倍至几百倍。钼还可改善并提高花生对磷素的吸收，并有消除过量铁、锰、铜等金属离子对花生的毒害作用，从而使花生健壮生长。我国南方和北方都有缺钼的土壤。一般酸性土壤缺钼，当土壤 pH 值<6时，容易发生缺钼。植物缺钼时，一般是叶脉间叶色变淡、发黄，而且叶片上有斑点，叶片边缘发生枯焦，重者叶缘向内卷曲、萎蔫。豆科作物缺钼时，根瘤的生长发育不正常，影响其固氮效率等。花生缺钼则植株会表现出缺氮症状。缺钼花生植株矮小，根系不发达，叶脉失绿，老叶变厚呈蜡质。土壤中钼的有效性随土壤 pH 值的提高而提高。但钼素含量不能过多，过多会使蛋白质受到破坏。

据试验材料，豆科作物特别需要钼肥，大豆、花生和其他豆类施用钼肥都能增产，大豆增产 6%～36%；花生增产 5%～44%。磷、钼之间有相互促进作用，磷能促进钼的吸收，在作物缺磷时，施钼是能发挥作用的，钼肥与磷肥配合施用，效果要比单独施用好。但各种作物对钼的反应不同，施钼时要根据土壤和作物区别对待，用量不要过多，否则容易造成毒害。施钼时不能盲目地与农药混合施用，以免发生沉淀而降低肥效和药效或出现肥害和药害。

十一、铁

铁虽然不参与叶绿素 a 和叶绿素 b 的分子构成,但铁能够影响作物的呼吸作用和光合作用。在叶绿素的合成过程中,需要含铁的酶进行催化。因为铁对叶绿素的合成是绝对不可缺少的。我国土壤中含铁量较高,一般在 3%左右。引起植物缺铁的主要原因是土壤中铁的有效性差。花生是对铁比较敏感的作物,缺铁时会使根瘤菌的固氮量减少,影响植株生长。缺铁时,花生出现失绿症,叶色淡黄,甚至变为白色,由于铁离子流动性小,所以缺铁时嫩叶失绿,老叶仍保持绿色。

十二、铜

铜是细胞色素酶和多酚氧化酶的组成成分,还参与氮和核酸代谢过程中的酶促作用。铜不足时,还影响花生对硝态氮的吸收,一般作物对铜的需要量很少,但有些作物需要铜参与新陈代谢,增强植物的抗逆性,以利于植物正常生长发育。缺铜的花生植株,节间短,植株矮化,出现矮化与丛生症状,矮化植株呈深绿色,且在早期生长阶段凋萎。幼叶叶尖失绿,出现白色叶斑,新生叶变小呈蓝绿色,完全小叶因叶缘上卷而呈杯状。有时还发生小叶外缘呈青铜色及坏死的缺铜症状。籽粒不饱满。

第四章　彩色花生优质高产施肥技术

第一节　适合花生栽培的主要肥料种类

适用于花生栽培的肥料有农家肥料、化学肥料、微量元素肥料和生物肥料等很多种类，一般可归入有机肥料和无机肥料两大类。下面介绍花生栽培中使用的主要农家肥料和化学肥料。

一、农家肥料

农家肥料是花生的主要肥料，来源广泛、种类多。常用的农家肥有畜圈肥、人粪尿、堆肥、绿肥、塘泥、火炕土和草木灰等。除草木灰属无机肥料以外，其余均为有机肥料。施用农家肥料，能全面提供大量元素、中量元素和微量元素，还能增加土壤中的腐殖质，是最为全面的肥料，而且有促进土壤微生物繁殖、疏松土壤的作用。在农家肥料中，按肥效反应快慢分为速效和迟效两类。其中人粪尿、火炕土、草木灰等含有大量速效养分，属速效肥料，宜作追肥或种肥。其余多为迟效性肥料，具有养分全、肥效慢、有效期长的特点，适宜用作基肥和种肥。

1. 土圈肥（厩肥）　主要由牲畜粪尿、作物秸秆、杂草和泥土混合后经牲畜踩踏堆沤而成。其肥效高低与掺土比例、肥源种类、沤制方法和腐熟程度有直接关系。主要用作基肥，在不同的地力条件下施入土圈肥产生的效果不同。在低肥力土壤条件下，施入土圈肥当年增产效果明显，且随着施入量的逐年增加，本茬作物增产效果反而不明显，后一茬作物增产明显。施用土圈肥不但能供给花生各种矿物质营养，且能促进土壤微生物活化和土壤的疏松。长期施用，能增加土壤中的腐殖质，改良土壤结构，增强土壤的蓄水保肥能力，提高土壤肥力。

2. 人粪尿 人粪尿养分含量较高，分解较快，肥效迅速。其中人粪含有机物20%左右，主要是纤维素、半纤维素和蛋白质，还有5%左右的灰分，主要是磷、钾、钙、镁等盐类。人尿含有机物5%左右，主要是尿素、尿酸等可溶性有机物，还有少量无机盐类。新鲜人粪尿呈酸性，腐熟后尿素分解成碳酸铵，变成微碱性。人粪尿含氮较高，肥效较快，适宜作追肥。在低肥力瘠薄田块施用，增产效果非常明显。如与秸秆堆沤，肥效更佳。

3. 土杂肥 土杂肥包括各种坑、塘、湖泥、火炕土和草木灰等。在河流、河湾、河沟、坑、塘、湖中，经多年浮游微生物的沉积，形成了富含全面营养成分的肥沃淤土。将其用作基肥，既可供给花生养分，又能改变土壤物理性状，在沙性土壤施用，效果尤为明显。施用前最好先挖出铺晒，也可与绿肥、农作物秸秆等混合沤制以消除毒害，提高肥效。主要用作基肥和种肥。

4. 火炕土 火炕土是由北方农村传统垒制火炕的土坯，经长时间柴草烟熏后，土坯中的不溶性磷、钾成分转化为可溶性养分，成为一种速效肥料。

5. 草木灰 草木灰的主要成分为可溶性钾，其含钾量因燃烧的材料不同差异很大。同时还含有钙、磷和其他微量元素。草木灰要单独积攒贮存，防止风吹雨淋，更应杜绝与圈粪、人粪尿混合积攒，以免养分淋失或挥发，减弱肥效。草木灰宜作基肥、种肥和追肥施用。

二、化学肥料

化学肥料种类很多，因其具有有效养分含量高、肥效快等特点而在农业生产上被广泛应用，但在具体应用过程中，需要因地制宜并结合种植方式不同，经测土配方后确定施用肥料种类、数量和施用方法。

1. 氮肥 花生生产上施用的氮素化肥，主要有硫酸铵、碳酸氢铵、硝酸铵、尿素等。氯化铵能明显抑制根瘤菌固氮，花生栽培中不提倡使用。

花生有根瘤菌共生，可以固定大量氮素，但不能因此认为可以不用施氮肥。据实验和生产实践证明，在中等肥力和低肥力的花生田，配合施用有机肥料作种肥或单独作追肥，增产效果均很好。甚至在创高产的情况下，施用一定数量的氮肥都有较明显的增产效果。但具体施用过程中，应结合花生长势和测定土壤肥力来决定氮肥的用量，以免造成植株旺长而减少花生产量。

2. 磷肥 适用于花生生长的磷肥有普通过磷酸钙、重过磷酸钙、钙镁磷肥、磷矿粉、磷酸二铵等。前3种属生理酸性肥料，所含有效磷可溶于水，肥效快，适宜中性和碱性土壤使用。钙镁磷肥属生理碱性肥料，其有效磷不溶于水，微溶于酸性溶液，肥效慢，适用于中性和酸性土壤。磷肥增产效果的高低与土壤供磷能力密切相关。我国大多数花生产区土壤缺磷，施用磷肥都有明显增产效果，并能提高花生品质。磷肥的增产效果与畜圈肥施用量有关，畜圈粪愈少，磷肥肥效愈高。磷肥最好作为种肥集中沟施，这样可以减少磷肥与土壤的接触，防止土壤中的铁、铝氧化物对磷的固定而失去效力，提高磷肥的利用率。

3. 钾肥　适用于花生生产的钾肥主要有硫酸钾和氯化钾，他们均属生理酸性肥料，尤其适用于中性和碱性土壤，如在酸性土壤中使用，应配合有机肥和石灰。因花生喜硫，花生生产中也以硫酸钾为主。近几年来，在花生高产栽培中，一般都施用比较多的钾肥，才能达到预期的目的。磷、钾肥的配合施用效果高于单独施用的效果。钾在土壤中移动性很小，宜作基肥施用。钾肥最好在花生播种前的早春时撒施，通过深耕，使全耕作层的土壤都含有适当的钾量。但钾离子与钙离子有拮抗作用，结实层钾肥施用量不能太高，否则易造成烂果，因此钾肥应适当深施。钾肥可作基肥，亦可作追肥。

4. 钙肥　花生生产施用的钙肥主要有石灰、石膏和贝壳粉等。石灰呈生理碱性，主要用于酸性缺钙土壤，补施石灰能降低土壤酸性，改良土壤物理性状，减轻铝、铁等三氧化物聚积对花生的毒害作用。石膏呈生理酸性，适宜在中性缺钙的壤土和石灰性盐碱地施用，石膏在盐碱地不仅可以补充活性钙，而且还可以调节土壤酸碱度，减少土壤中过量的钠盐对花生根系的危害。实践经验表明，合理施用钙肥已成为花生持续增产的措施之一。同时，也对改善花生品质有极其重要的意义。钙肥主要作为基肥施用，在酸性土壤上每667平方米一般施用石灰25～50千克，在碱性土壤上每667平方米施用石膏粉20～30千克比较合适。另外，也可用作追肥，在初花期花生行间每667平方米追施石膏粉20～30千克。花生钙肥无论作基肥或追肥均以施在花生结果层土壤中效果最好。

5. 复合肥　含有2种或2种以上元素的肥料叫复合肥料，是很有发展前景的化学肥料品种，具有能同时供给花生所需多种营养元素的功能，从而避免因施用单一化肥造成的养分失调；且能改善单一化肥的挥发、吸潮和结块等不良性状；有效养分含量高，施用量相应减少，节省了财力和人力；并有人工或机械均可施用的优点。复合肥有化学合成和机械混合两大类，均为颗粒状。由于无法满足不同田间地块的平衡配方，只能固定配方生产，很难满足各地生产需要。因此，施用复合肥还需根据土壤养分丰缺的测定和花生的需肥规律，采用单元素化肥进行调节，以达到养分平衡。近年来进行的“测土配方施肥”准确、经济、效果好，值得大面积推广应用。

第二节　彩色花生施肥技术

为了确保花生优质高产，在地力良好的条件下，满足花生全生育期对各种养分的需要，科学施肥是关键一环。在测量土壤营养成分含量后，根据经验确定的计划产量，配方计算所需各种养分补充量，按照以有机肥为主、无机肥调整养分平衡为辅，一次性施足基肥，各生育阶段根据需要适量追肥为原则施用肥料。有机肥料与无机肥料配合使用，分基肥、种肥和追肥 3 种施肥方法，耕前测土，按需配方，科学施肥，最终实现优质高产。

一、基肥的施用技术

根据花生的生长特性和生物学特征，花生在全生育期除依靠庞大的根系吸收养分外，其果针、幼果、叶片也有较强的养分吸收能力。所以，花生施肥主要依靠基肥，用量一般要占总施肥量的 90%左右。综观我国的花生产区，主要分布在江河故道的冲积沙土、山丘沙砾土及南方黄、红壤土区域，这些区域的土壤土质差，土层薄，肥力低，土壤的改造培肥工作任重而道远。花生田基施有机肥应以腐熟的有机肥为主，配合氮、磷、钾等化学肥料。施肥要注意保持和提高肥效，以测土配方的原则决定肥料用量，科学施用。有机肥作基肥使用时，应结合冬耕或早春耕地时施入，既可满足花生对各种矿质元素的需要，又能改良土壤，还可防止烧苗的发生。有机肥用量少时，可结合播种起垄开沟，集中条施或沟施；高产花生田不同品种基肥用量根据所用肥料的实际含量和土壤养分含量按照每100千克荚果产量，需要纯氮（N）5.4千克，纯磷（P_2O_5）1.1千克，纯钾（K_2O）3.2千克计算。掌握“氮肥、钾肥适量，磷肥加量”的原则，平衡施肥，以达到平衡地力、用养结合的目的。各种肥料的成分含量和使用方法可参考附录2。

二、种肥的施用技术

花生种子出苗后，种子中的养分已被耗尽，根系较小，吸收能力较弱，根瘤菌固氮能力尚未形成，此时植株处于迅速生长、花芽分化的紧要关头，对土壤中养分的供应十分敏感。施用种肥，能显著增加花芽分化和前期开花数，并对叶片中含氮量、叶数和叶面积有显著的促进作用，所以播种时随种子集中条施或穴施种肥尤其重要。因此，播种时宜将腐熟的有机肥用作种肥，用量是基肥总量的25%左右，与适量防除地下害虫的药剂、杀菌剂混匀备用，施用方法是播种时先开深沟，条施或穴施种肥，然后覆土5厘米再播种。氮素化肥中适宜用作种肥的是硫酸铵，每667平方米用量10千克左右效果较好。在施用种肥时，要注意肥料层和种子的隔离，以免伤害种子，影响正常发芽和出苗；在土壤墒情较差而又干旱多风时播种，化肥不宜用作种肥，以免烧苗。用作种肥的磷肥以过磷酸钙、钙镁磷肥为主，一般每 667 平方米用 15 千克左右。最好在播种前和质量较好的圈肥混合堆沤 15～20 天，这样磷肥在有机肥的作用下释放出来的磷元素与圈肥中易流失的氮元素发生作用，从而达到促磷保氮的效果。

三、追肥的施用技术

追肥应结合花生生长情况施入速效肥料。主要依据是"壮苗轻施，弱苗重施，肥地少施，瘦地多施"，要适时适量酌情追肥。

追肥是生育期中调控花生生长的主要措施。花生一生中有 3 大需肥高峰，一是苗期的花芽分化期，二是盛花期，三是饱果膨大成熟期。麦套和夏播花生追肥时，要根据地力、基肥施用量和花生生长状况而定。花生苗期追肥，不仅有利于培育壮苗，而且可以促进根瘤菌的发育。在瘠薄的沙地栽培条件下，施用氮肥最有效的时期是，始花前 10 天左右的花芽分化盛期。经验表明，苗期追施氮肥(硫酸铵每 667 平方米用量 10 千克)增产效果最好。苗期一般每 667 平方米用尿素 10 千克，过磷酸钙 15 千克，优质腐熟圈肥 1 000 千克，草木灰 50～75 千克。追肥方法：圈肥捣碎撒施垄沟或行间，结合锄地和培土埋入土内；化学肥料应在行间开沟条施或用穴铲刨穴点施，施肥后埋沟、盖穴，做到施肥入土。

花期一般不需要根际追肥，若基肥施用不足而又未施足苗肥，应根据长势追施花肥。但应遵循花生追肥时间越早越好这一原则，最晚不得迟于大批果针入土前。此外，花生果针、幼果有直接吸收磷、钙营养的特点，结合这一特点，花针期在酸性土壤上，每 667 平方米用 15～25 千克熟石灰；碱性土壤上每 667 平方米用 20～35 千克石膏粉，混合 100～150 千克腐熟的细圈肥，均匀地撒于花生垄上。

花生结荚后至果仁膨大成熟期，是花生一生中需要营养成分的高峰期，根系吸收的养分远不能满足需要。此期间不便于根际追肥，可采用根外追肥的方法。花生叶片具有较强的吸肥能力，吸磷能力特强，能很快运转到荚果内，促进荚果成实饱满，增加饱果率，提高花生产量和品质。因此，在花生生育中后期，必须采用叶面追肥。一般用3%的过磷酸钙澄清液加2%尿素和0.1%硼砂、0.03%钼酸铵混合使用。过磷酸钙澄清液的制取方法：先将过磷酸钙加清水充分搅拌后浸泡1昼夜，取出上面的澄清液，对水配成3%的过磷酸钙溶液，每667平方米用75～100升，每隔7～10天于叶面喷施1次，连续喷3次以上。要注意彻底去掉残渣，以免伤害叶片。也可用0.2%磷酸二氢钾溶液代替过磷酸钙澄清液使用。

四、微量元素肥料的施用技术

微量元素肥料是指土壤及作物中含量极少，但又是作物生长发育中必不可少、不可替代的元素。在花生的全生育过程中，除吸收足够数量的氮、磷、钾、钙、镁、硫等元素外，还必须吸收一定数量的锌、硼、锰、钼、铁、铜等微量元素。这些微量元素在花生植株中的含量虽然只有百万分之几，但它们多数是酶和维生素的组成成分，有特殊的生理功能，是不可缺少的重要元素。目前，花生生产中广泛施用的主要有硼肥、钼肥、锌肥、铁肥、锰肥和铜肥等微量元素肥料及稀土微肥、钛微肥等。由于微肥需要少，所以一般采用叶面喷施，也用作浸种和基肥。

稀土肥料主要是硝酸稀土，含氧化稀土38%。稀土中含有镧、铈、镨、钕、钐、钆、铕、钇、铽、镝、钬、铒、铥、镥和钪等17种稀有元素。稀土虽不含有作物生长的必需元素，但施用后对多种农作物均有促进生长和增产的效果。稀土肥料，能使花生提早开花，增加有效花量，促进植株干物质的积累，促进荚果发育和籽仁充实，增产幅度5%～10%。另据广东省试验，花生施用稀土，能促进植株营养体生长，提高光合效能，促进根瘤形成，使有效根瘤数增加14.2%，单株荚果重提高16%，生物质产量提高24.96%。

施用微量元素肥料，应根据土壤中微量元素有效含量测定结果，配方适量施用，以免发生肥害。要根据微量元素肥料的品种，确定施用的数量、方法。

1. 硼素肥料 土壤有效硼含量低于1毫克/千克为缺硼，低于0.5毫克/千克为严重缺硼。据测定，我国北方花生产区土壤有效硼含量多数低于这个界限，为提高花生产量必须补施硼肥。目前常用的硼素肥料有硼砂、硼酸和硼泥3种。施用方法可分为基施、拌种和喷施3种。硼肥的施用量，应根据土壤有效硼含量测定结果确定，配方适量施用，防止肥害发生。硼肥施用方法不同，增产效果也不一样。相同用量作基肥施用时，花生增产19%左右；用硼肥拌种，花生增产12%左右；作追肥喷施，花生增产15%左右。

基施：每667平方米以0.25～1千克硼砂为基肥，结合耕地与其他肥料均匀撒施、穴施或条施均可。

拌种：每千克种子拌0.4克硼砂。将所需硼砂用适量清水溶解后，与种子均匀搅拌，或将种子摊平，将硼砂溶液用喷雾器均匀地喷洒在种子上。

喷施：叶面喷施最佳浓度为0.2%～0.3%。苗期、开花期和结荚期各喷1次效果最好。

2. 锌素肥料 土壤有效锌低于1毫克/千克就应补施锌肥。可提高花生产量12%～15%。主要施用方法是浸种、拌种或喷施。用0.2%硫酸锌溶液与硫酸亚铁溶液混喷花生叶面，经大面积推广应用，可防止花生黄白叶病害。

基施：每667平方米施硫酸锌1千克加细土20～25千克，混合均匀后，于播种前随耕翻用作基肥。

浸种：用作浸种时，硫酸锌溶液浓度为0.1%～0.15%，浸12小时，晾干后即可播种。

拌种：用作拌种时，每千克种子用硫酸锌2～6克，先加适量的水，溶解后拌种，稍干后播种。

喷施：一般喷施0.1%～0.2%硫酸锌溶液，每667平方米用液量50～75升。喷施时要在早上或下午4时以后进行，无风无雨时喷施，效果更显著。

3. 铁素肥料 长期过量施用碳酸氢铵，使土壤中的重碳酸根离子大量积存，提高了pH值，造成有效铁含量下降，致使植株发生缺铁症状。一般施用硫酸亚铁（又名黑矾）来补充作物缺铁。铁的活性差，喷施次数要多，以喷施在新生叶片上效果最好。

基施：以每667平方米施用3～4千克硫酸亚铁，结合冬春耕地，与土杂肥混合，均匀撒施后耕翻，以补充土壤中有效铁含量，对防治花生黄白叶病害有明显效果。

叶面喷施：0.2%～1%硫酸亚铁水溶液有较好的效果，每667平方米用液量75～100升。即每667平方米用100～1 000克硫酸亚铁，对水50升喷施叶面。喷后3～5天，先为绿斑点，经7～10天后，叶片基本转绿。

基施与喷施结合，或与其他微量元素混喷，效果更为显著。铁肥基施或根外追施增产都十分明显。

4. 钼素肥料 土壤中有效钼含量低于2毫克/千克就应补施钼肥。目前常用的钼肥为钼酸铵。钼肥浸种的花生比未浸种的早出苗1～2天，主茎增高0.6～3.8厘米，主茎节数增加1.3～2.8节，节间缩短0.23～0.71厘米，单株干重提高20%～100%，根瘤数增加50%～60%，饱果指数提高34.7%～123.9%。

基施：除施用含钼工业废渣和含钼玻璃肥料外，钼酸铵也可作基肥和追肥施用，肥效2～4年，每667平方米用钼酸铵15～20克，先将钼肥与沙子拌匀，再撒施。

拌种：拌种时，每667平方米用钼酸铵10～15克。先用少量热水溶解，再用冷水稀释至2%～3%的浓度和种子一起搅拌，或把种子摊开，喷洒溶液，翻动种子，晾干后播种。

浸种：浸种的钼酸铵用量为每667平方米10～15克，稀释为0.05%～0.25%钼酸铵溶液，浸泡种子12小时，种子与溶液之比为1∶1。浸至种子中心尚有高粱粒大小的干点最为适宜。晾干后即可播种。

喷施：叶面喷施浓度为0.1%～0.2%，每667平方米用钼酸铵15克，对水15升，搅拌溶解后于苗期和花针期各喷1次。或用0.05%～0.1%钼酸铵溶液，每667平方米用液量50升左右，于作物生长期间喷施2～3次，每隔1周喷施1次。喷施钼肥可增加豆科作物的根瘤菌，促进豆科类作物对土壤中氮肥的吸收。

不同施用方法对花生增产效果不同，总结各地经验，宜采用拌种加苗期、花针期喷施效果最好。

5. 锰肥

基施：作基肥时一般每667平方米用硫酸锰1～2千克与农家肥或其他化肥混合施用，也可条施或穴施。

拌种：每千克种子用硫酸锰4～8克，用少量水将硫酸锰溶解后喷洒在种子上，边喷洒边翻动拌匀，晾干后即可播种。

浸种：用0.05%～0.1%的硫酸锰溶液，浸种8小时(肥料与种子量为1∶1)，晾干后即可播种。

喷施：每667平方米用0.1%～0.2%硫酸锰溶液50～75升，分别在苗期、生长盛期喷施2～3次。

6. 铜肥　一般施用硫酸铜。用作拌种和浸种时用0.001%～0.005%硫酸铜溶液；叶面喷施时，用0.02%～0.05%硫酸铜溶液，每667平方米用液量50～60升。

7. 稀土肥料　目前主要是施用硝酸稀土肥料。稀土对花生出苗势有明显的抑制作用，不宜拌种。以叶面喷施增产效果好。喷施浓度：苗期为0.01%，始花期为0.03%。其效果以喷施3次的最好，喷2次的，又好于喷1次的。另外，稀土与硼肥配施优于与钼肥配施。但只有在严重缺硼、钼的地方才可配合施用，且不能混合喷施。

五、花生根瘤菌的剂型与施用技术

经我国花生主产区多年应用证明，花生接种根瘤菌剂，增产效果显著，是一项经济有效的技术措施。

花生根瘤菌剂是用科学的方法，从土壤或植株中分离出来的生活力强、固氮能力高的优良根瘤菌株，经人工繁殖培养制成的粉剂或液体制剂，每克菌剂含活性根瘤菌5亿～10亿个。它本身不含有作物需要的营养元素，而是通过侵染根系，形成根瘤菌，固定空气中的氮素，增加氮素养料，促进花生增产和提高土壤肥力。

据测定，花生对氮素营养的吸收积累量随植株的生长进程逐步增加，其阶段绝对吸收量以结荚期为高峰，以后逐步减少。根瘤菌的固氮由花生出苗25天(始花期)后开始，至饱果期逐步增大，它的固氮和供氮高峰期均为结荚期，这与花生氮素吸肥量是一致的。即苗期至花针期固氮率约为26%，花针期至结荚期约为38%，结荚期至饱果成熟期约为36%。

花生根瘤菌剂增产效果的好坏，除受菌株质量影响外，剂型选用也很关键。要选用含菌数高，杂菌少的优质剂型。贮藏温度不能超过25℃。否则，会降低菌株对植株的感染力。常用的花生根瘤菌的剂型主要有2种。

一是草炭吸附菌剂。要求每克草炭菌剂含活性根瘤菌5亿～10亿个。它是多年来国内外普遍采用的老剂型，优点是简便易施，便于推广。缺点是黏附不好，附在种子上的部分菌剂随种子发芽出土，易被阳光杀死。

二是种子丸衣剂。为增进根瘤菌在土壤中的成活率及感染根毛的能力，近年来研究推广了种子丸衣接种剂（又称球化种子），即用黏着剂（甲基纤维素等）、难溶性的粉状物（如碳酸钙）、石膏和磷肥（磷矿粉）、微量元素等作赋形物制丸。先将黏着剂调匀，再倒入根瘤菌充分搅拌，最后加粉状物滚动制成丸衣。根瘤菌得到保护，并含有一定的肥料，可使根瘤菌早侵入早结瘤。

花生根瘤菌是一种生物制剂，应妥善放置在阴凉黑暗处保存。有效期半年，过期失效。它主要用于花生播前拌种。每667平方米花生种用25克，含活菌15亿个以上。先用150～250毫升清水拌匀，然后倒在花生种子上轻轻搅拌，使每粒种子都沾着黑粉即可播种。播种时，种子要用湿布盖好，防止风吹日晒，要随拌随播，当天用完，以免降低根瘤菌的成活率，影响效果。生茬地和重茬地均可施用，生茬地施用增产效果尤为显著。花生根瘤菌剂不可与硫铵、杀菌剂、炉灰等混合拌种，应分开施用。可以与磷肥同时施用，如增施过磷酸钙等磷肥作基肥，效果更好，磷能促进根瘤生长，以磷增氮效果更显著。

第五章　彩色花生优质高产栽培技术

随着生产条件的逐步改善和提高，花生优良品种的不断更新和综合配套增产技术的研究与推广应用，花生单产在我国北方花生产区不断创出新高。山东省 1979 年大面积每 667 平方米平均产量 400 千克以上，小面积每 667 平方米的产量首先突破 500 千克大关。1981 年河南省开封市农业科学研究所在兰考爪营组织的花生高产栽培攻关项目，每 667 平方米平均产量达到 519.4 千克，1992 年山东省平度市出现小面积每 667 平方米平均产量 785.6 千克的高产典型。1997 年开封农业科学研究所又在河南省杞县裴村店开创了每 667 平方米平均荚果产量 676.5 千克的花生高产典型。据统计数据显示：在全国第一大花生产地的山东省，从 1998～2000 年全省 87 万公顷花生连续 3 年每 667 平方米平均产量超过 380 千克，其中青岛市的 10 万公顷花生连续 3 年每 667 平方米平均产量超过 480 千克，平度市的 3 万公顷花生连续 3 年每 667 平方米平均产量超过 500 千克。这些都充分证明了我国的花生生产已经进入一个新的发展阶段。

第一节　彩色花生系列优良品种简介

彩色花生系列花生新品种，是王保圣等同志在 30 多年的基层农技推广服务中收集花生变异品种，经提纯复壮并结合现代育种技术，培育出的果仁外衣颜色各异的系列品种。根据中国疾病预防控制中心营养与食品安全所编著的《中国食物成分表(2002)》所列标准,现有花生品种主要营养成分含量分别为:脂肪 44.30%,蛋白质 24.80%,氨基酸 22.79%,每100 克花生果仁含硒 3.94 微克,含锌 2.5 毫克,含铁 2.1 毫克,含钙 39 毫克。经农业部谷物品质监督检验测试中心检验测定:彩色花生系列新品种属高油系列品种。富含人体必需的各种微量元素、维生素 E、B 族维生素和矿物质等营养成分,其中脂肪含量为 49.44%~57.24%,高于 44.3%的国标参考值 5.14%~12.94%,蛋白含量为 21.2%~26.6%,氨基酸含量为 22%~25.88%。每 100 克彩色花生系列品种的果仁含硒 7.36~18.15 微克,是国标参考值 3.94 微克的1.87~4.6 倍;含锌 3.04~4.25 毫克,高于 2.5 毫克的国标参考值 0.54~1.75 毫克;除彩纹、紫玉两个品种钙含量略低于国标参考值以外,其他品种钙含量在 56.28~90.96 毫克,是国标参考值 39 毫克的 1.44~2.33 倍。其次,已测墨香品种铁含量为 4.6 毫克,是国标参考值 2.1 毫克的 2.19 倍;维生素 E 含量均高于 18.09 毫克的国标参考值;B 族维生素含量丰富。根据国际营养学研究领域的重要发现,按照中国营养学会《中国居民膳食营养素参考摄入量》标准要求,彩色花生系列新品种具备纯天然功能型保健食品特点,有抑制健康杀手的作用。

一、墨　香

果仁外衣紫黑色。为普通型大花生的杂交变异品种。疏枝、半直立株型,株型较紧凑。主茎高 45 厘米左右,分蘖力强,侧枝长 47 厘米左右。有效分枝 7~9 个。叶色浓绿。连续开花,花繁多。果针入土较整齐。普通中间果型,果壳较厚,网纹较平滑,有明显的网纹状脉纹,百果重 237 克左右。长椭圆不规则形果仁,出仁率 71%左右,双仁率 90%以上。

百仁重84克。高油，富含硒、铁、锌、钙等微量元素。粗脂肪含量51.53%，高于国标参考值7.23%；粗蛋白质含量21.21%，氨基酸含量22%。每100克花生仁含硒18.15微克，是国标参考值的4.6倍；含铁4.6毫克，是国标参考值的2.19倍；含钙71.95毫克，是国标参考值的1.84倍；含锌4.25毫克，是国标参考值的1.7倍。和现有黑花生品种相比(北京市营养源研究所分析室2001年12月4日对“黑花生”的测定结果为：粗蛋白质28.12%、粗脂肪44.6%，每100克花生仁含硒4.9微克，含钙31.8毫克，含铁1.5毫克，含锌2.5毫克)，其含量分别是现有黑花生品种脂肪的1.16倍、硒的3.7倍、铁的3.1倍、钙的2.3倍、锌的1.7倍。本品种属中早熟品种，生长期130天左右。抗旱、抗病性好，抗虫性一般。全生育期需积温3 100℃～3 500℃。每667平方米定植7 500～9 000穴，或8～10厘米单粒播种保苗16 000株左右，适宜地膜覆盖春播，增产潜力大。

二、紫　玉

果仁外衣紫红色。为普通型大花生的杂交品种。疏枝直立株型，株型紧凑。主茎高40厘米左右，分蘖力强，侧枝长43厘米左右，有效分枝4～6个。叶浅绿色、椭圆形。连续开花。普通中间果型，果壳有明显的网状脉纹，薄厚中等，百果重239克左右。果仁长椭圆形，出仁率73%左右，百仁重93克。高油、高蛋白，富含氨基酸、硒、铁、锌等微量元素。粗脂肪含量54.63%，是国标参考值的1.23倍；粗蛋白质含量26.43%，是国标参考值的1.07倍；氨基酸含量25.88%，是国标参考值的1.14倍；每100克花生仁含硒8.87微克，是国标参考值的2.25倍；含铁2.378毫克，是国标参考值的1.13

倍;含锌3.46毫克,是国标参考值的1.38倍;含钙32.31毫克,基本与国标参考值持平。是彩色花生系列品种中综合性状好、品质优良的早熟品种,生长期110天左右。生长势强,抗逆性强。全生育期需积温3 200℃～3 400℃,每667平方米定植10 000～11 000穴,或7～9厘米单粒播种保苗21 000株,适宜夏早播,增产潜力大。

三、红　钰

果仁外衣珍珠红色。为珍珠豆型杂交品种。疏枝直立株型,株型紧凑。主茎高50厘米,侧枝长43厘米,有效分枝5～8个。叶色浓绿、椭圆形。连续开花。中间果型,果壳薄厚中等,百果重206克左右。出仁率74%,百仁重73克。粗脂肪含量45.16%,粗蛋白质含量23.59%,氨基酸含量21.67%。富含硒、钙、锌、铁等微量元素、矿物质、白藜芦醇等。每100克花生仁含硒8.41微克,是国标参考值的2.13倍;含钙65.66毫克,是国标参考值的1.68倍;含锌3.27毫克,是国标参考值的1.31倍;含铁2.52毫克,是国标参考值的1.2倍。口感细腻,适口性好。中早熟品种,生长期130天。植株生长势强,耐旱抗倒伏,高抗病害。全生育期需积温2 800℃～3 100℃。每667平方米定植11 000～13 000穴,或6～9厘米单粒播种保苗25 000株左右,适宜地膜覆盖春播,增产潜力大。

四、红　豆

果仁外衣红色。为珍珠豆型花生的杂交变异品种。植株是疏枝直立紧凑型,高50厘米左右,侧枝长47厘米,有效分枝4～7个。大中果型,果壳较薄,网纹较细,果嘴较明显,百果重216克左右。果仁圆形，双仁率95%以上，出仁率70%左右，百仁重73克。高油、高蛋白，富含氨基酸及硒、钙、锌等微量元素。粗脂肪含量49.58%，高于国标参考值5.28%；粗蛋白质含量26.54%，高于国标参考值1.74%；氨基酸含量24.39%，高于国标参考值1.6%。每100克花生仁含硒7.36微克，高于国标参考值3.42微克，是国标参考值的1.86倍；含钙56.28毫克，高于国标参考值17.28毫克，是国标参考值的1.44倍；含锌3.036毫克，高于国标参考值0.536毫克，是国标参考值的1.21倍；含铁2.52毫克，略高于国标参考值。早熟品种，生长期100天左右。抗逆性强，全生育期需积温2 800℃～3 100℃，每667平方米定植9 000～11 000穴，或7～9厘米单粒播种保苗20 000株左右。适宜夏早播，或麦收后抢时播种。

五、圣　洁

果仁外衣纯白色。为普通型大花生与珍珠豆型花生杂交种。属疏枝直立矮壮型品种。主茎高35厘米，侧枝长38厘米，有效分枝5～7个。叶片淡绿色、长椭圆形、较大。连续开花。果针入土整齐。荚果普通形，果嘴微尖，网纹粗、浅，果皮硬，百果重265克左右，饱果率80%。籽仁圆锥形，有光泽，出仁率72%，百仁重98克。高油，富含氨基酸、硒、钙、锌等微量元素。色泽、口感佳。粗脂肪含量49.94%，高于国标参考值5.64%，是国标参考值的1.13倍；粗蛋白质含量24.13%，略低于国标参考值0.67%；氨基酸含量23.92%，高于国标参考值1.13%。每100克花生仁含硒9.145微克，高于国标参考值5.21微克，是国标参考值的2.32倍；含钙80毫克，高于国标参考值41毫克，是国标参考值的2.05倍；含锌 3.448 毫克，高于国标参考值 0.95 毫克，是国标参考值的 1.38 倍；含铁 1.964 毫克，略低于国标参考值 0.13 毫克。生育期 130 天。全生育期需积温 3 200℃～3 400℃，每 667 平方米定植9 000～10 000 穴，或 7～9 厘米单粒播种保苗 19 000 株，适宜夏早播，增产潜力大。夏直播应于 6 月 10 日前播种，每 667 平方米种植密度为 10 000～11 000 穴。该品种茎枝粗壮、分枝少、根系发达、抗倒伏能力强。高抗花生网斑病、叶斑病和病毒病，综合抗病性好。成熟时，上部叶片不脱落。

六、白　玉

果仁外衣纯白色。该品种由庄伟健教授培育的珍珠豆型白花生品种进一步选育而成。主茎高 40 厘米左右，株型直立紧凑，矮壮。分蘖力强，侧枝长 45 厘米，有效分枝 7～9 个。叶色深绿、宽椭圆形。果针入土整齐，饱果率高。中果型，果壳薄厚中等，细网纹，双仁率 90%以上，百果重 235 克左右。果仁微长圆形，出仁率 70%左右，百仁重 84 克。高油，富含氨基酸及硒、钙、锌等微量元素。粗脂肪含量 52.1%，高于国标参考值 7.8%，是国标参考值的 1.18 倍；粗蛋白质含量 25.87%，高于国标参考值 1.07%；氨基酸含量 23.77%，高于国标参考值 0.98%。每 100 克花生仁含硒 9.81 微克，高于国标参考值 5.87 微克，是国标参考值的 2.49 倍；含钙 78.79 毫克，高于国标参考值 39.79 毫克，是国标参考值的 2.02 倍；含锌 3.543 毫克，高于国标参考值 1.043 毫克，是国标参考值的 1.41 倍；含铁 2.26 毫克，略高于国标参考值 0.16 毫克。早熟品种，生长期 120 天左右，全生育期需积温 2 900℃～3 300℃，每 667 平方米定植 9 000～11 000 穴或 7～9 厘米单粒播种保苗 20 000 株，适宜地膜覆盖春播，增产潜力大。

七、彩　纹

果仁外衣浅橙红色，带纵向不规则状深红褐色条纹或斑点。为多粒型花生的变异品种，疏枝半直立株型。主茎粗壮25节左右，株高50厘米，前期直立，后期匍匐。可出现多次分枝，有效分枝5～7个。叶片淡绿色、长椭圆形。连续开花型，花量大，结果集中。荚果串珠型，果壳较厚，果仁呈不规则型。中早熟品种，生长期125天左右。4粒果90%以上，百果重316克左右，出仁率70%，百仁重67克。高油，富含氨基酸及硒、钙、锌等微量元素。粗脂肪含量49.44%，高于国标参考值5.14%，是国标参考值的1.12倍；粗蛋白质含量26.62%，高于国标参考值1.82%；氨基酸含量24.46%，高于国标参考值1.67%。每100克花生仁含硒7.41微克，高于国标参考值3.47微克，是国标参考值的1.88倍；含锌3.632毫克，高于国标参考值1.13毫克，是国标参考值的1.45倍；含铁1.95毫克，略低于国标参考值0.15毫克；含钙37.96毫克，略低于国标参考值1.04毫克。全生育期需积温2 800℃～3 100℃，每667平方米定植8 500～9 500穴，或8～11厘米单粒播种保苗15 000株。适宜地膜覆盖春播，为耐高水肥品种，增产潜力大。

八、雪　宝

果仁外衣白色带大红斑，呈红白双色。为小花生的变异品种，主茎高40厘米左右，株型直立、紧凑、矮壮。侧枝长43厘米，有效分枝4～7个。叶色浓绿，椭圆形。连续开花型。中间变异果型，果壳薄，百果重180克左右。果仁微长圆形，双仁率90%以上，出仁率76%左右，百仁重70克左右。是彩色花生系列品种果仁中综合性状好、外观漂亮、品质优良的早熟品种之一。高油、高蛋白，富含氨基酸及硒、钙、锌、铁等微量元素。粗脂肪含量51.36％，高于国标参考值7.06％，是国标参考值的1.16倍；粗蛋白质含量26.39％，高于国标参考值1.59％；氨基酸含量24.25％，高于国标参考值1.46％。每100克花生仁含硒7.87微克，高于国标参考值3.93微克，是国标参考值的2倍；含钙80.8毫克，高于国标参考值41.8毫克，是国标参考值的2.07倍；含锌3.538毫克，高于国标参考值1.038毫克，是国标参考值的1.42倍；含铁2.285毫克，高于国标参考值0.185毫克，是国标参考值的近1.1倍。早熟品种，生长期120天左右。抗病毒病，高抗叶斑病。全生育期需积温2800℃～3100℃，每667平方米定植9000～12000穴，或7～9厘米单粒播种保苗23000株。适宜地膜覆盖春播、夏早播。

九、粉　玉

果仁外衣粉红色。是经远缘杂交、定向选择培育而成的高油珍珠豆型新品种。株型直立，疏枝紧凑。主茎高35厘米，侧枝长36厘米左右，有效分枝4～8个。叶片椭圆形、微皱，深绿色。连续开花、分枝型。开花早，有闭花。果针入土整齐，结果集中整齐一致，饱果率高。果仁桃形，荚果茧形，网纹细深，果嘴钝，百果重169克左右，果壳薄，饱果率高。双仁率95％以上，出仁率73％以上，出仁率较高，籽仁饱满，百仁重67克左右，一致性好。该品种富硒、高油、高钙，是榨油和食用俱佳的花生新品种。粗脂肪含量57.24％，显著高于国标参考值的12.94％，是现有品种中理想的油用型早熟品种；粗蛋白质含量24.13％，氨基酸含量22.09％。每100克花生仁含硒 7.43 微克，是国标平均值的 1.89 倍；含钙 90.96 毫克，是国标参考值的 2.33 倍，是目前含钙量最高的花生品种，更是日常膳食结构中的功能型保健食品。该品种生育期 105 天左右。全生育期需积温 2 800℃～3 100℃。耐瘠薄，抗旱、抗逆性强，高抗花生青枯病、锈病、叶斑病、网斑病、病毒病。适宜夏早播或麦收后抢时播种。垄距 60～70 厘米，每垄 2 行，沙滩地可平播，根据壤土地宜稀沙滩地宜稠的原则，每 667 平方米定植 11 000～13 500 穴或 6～8 厘米单粒播种保苗 25 000株。

第二节　栽培土壤准备

一、栽培土壤要求

花生根系的生长发育，需要一个既通气透水，又蓄水保肥的土壤条件。果针入土结实也要求有一个水分、空气、养分、温度等因素供应协调的土壤环境，花生优质高产栽培时，需要创造一个深、活、松、暄的高产土壤和上松下实的土层结构。花生高产栽培对土壤结构有以下 3 点要求。

1. 要求结实层疏松　表土层 0～10 厘米的土壤为花生生长和果针入土结实的部位，因此叫“结实层”。结实层的土质最好为干时不散不板，湿时不黏不澥，耕性良好的沙质壤土或砾沙壤土。土壤通透性好，良好的花生田应该有耕作层深厚、结荚层疏松、肥力较高等基本条件。

2. 要求耕作层暄活肥沃　耕作层是吸肥能力最强的主要根群（80%以上的根系）的分布区。花生根系主要分布于 0～30 厘米的耕作层，耕作层的土性比结实层要求黏紧，经常进行耕作和施肥，也是供给花生养分和水分的主要土层。土壤质地为粉沙壤土至沙质黏壤土。土壤养分含量要求略大于结实层。

3. 要求全土层深厚 高产花生扎根深1米以上，因而花生高产田全土层要求深厚，即1米以上。耕作层以下30～50厘米为心土层，该土层人为耕作影响较小，土质为粉沙黏壤土或沙质黏壤土。心土层以下为底土层，受大气影响小，质地坚实，物质转化慢。该层厚度应在50厘米以上，虽对耕作层无影响，但对蓄水保肥极为重要。全土层厚度在100厘米以上。

在深、松、暄、活肥沃的土体构造和上松下实的土层结构中，毛管孔隙上小下大，非毛管孔隙上大下小，上层通气透水，昼夜温差大，下层蓄水保肥，热容量高，使土壤中水、肥、气、热协调统一。这样的土壤条件，为花生高产打下了基础。有利于花生根系生长和营养物质的积累，同时为微生物的繁殖和活动创造了较好的环境，有利于养分不断分解，从而源源不断地供应花生整个生育过程的需要，使花生高产稳产。

花生不耐连作。花生重茬，将导致病虫害扩大蔓延，土壤微生物群落失去平衡，土壤养分丰缺失调，根分泌物引起自身中毒等，重茬花生表现棵小、叶黄、早落叶、病虫多、果少、果小，导致大幅度减产。因而在重茬地种花生高产难度很大，而多年不种花生的粮、棉田或蔬菜地，改茬种花生，再加其他措施，则易于做到高产。合理轮作，特别是水旱轮作对防治花生枯萎病（包括青枯病、冠腐病）具有良好的效果。花生应与其他作物实行3年以上轮作换茬。为了种养结合，用地养地，使花生持续增产，要不断与粮、棉、菜等作物合理轮作换茬。

二、土壤肥力标准

根据多项花生高产栽培成果总结的经验，一般情况下，高产花生的土壤肥力状况要求结实层土壤养分含量分别为：有机质 0.8%～1.1%，全氮 0.05%～0.08%，全磷 0.06%～0.13%，速效磷 0.002 5%～0.005 5%，速效钾 0.005%～0.007 5%，活性钙 0.16%～0.22%；耕作层土壤养分含量：有机质 0.7%～1.2%，全氮 0.06%～0.09%，全磷 0.07%～0.12%，速效磷 0.001 2%～0.002 5%，速效钾 0.005 5%～0.006 5%，活性钙 1.12%～0.3%；30～50 厘米心土层土壤养分含量较低，有机质 0.45%～0.89%，全氮 0.02%～0.05%，全磷 0.04%～0.098%，速效磷 0.008%～0.016%，速效钾 0.004 3%～0.004 8%。

花生需要的营养元素，除部分氮素是由自身根瘤菌固氮供给外，其他部分的氮和全部的磷、钾、钙等营养元素都来自土壤和肥料中。在高产栽培条件下，根瘤菌的供氮量占花生氮素需求总量的 40%～50%。

高产花生的营养吸收分配规律。氮、磷、钾在植株体吸收分配比例：氮素在荚果和叶片里含量最高，荚果中含氮量占全株含氮总量的 56%～76%，叶片占 12%～30%；磷素在荚果中含量最多，占全株总磷量的 62%～79%；钾素在茎蔓中含量最多，占全株总钾量的 33.3%～39.3%，其次是荚果，占 30%～36.1%。

根据多年的花生高产栽培研究数据总结证明，每 667 平方米产 500 千克以上荚果时，每生产 100 千克荚果的营养吸收量分别为氮(N)5.4 千克、磷(P_2O_5)1.2 千克、钾(K_2O)3.2 千克、钙(CaO)2.2 千克。

高产花生对氮、磷、钾、钙的累积吸收量均随植株生育进展逐渐增高，且各生育期的吸收量有很大不同，苗期氮、磷、钾、钙的累积吸收量分别占全株一生氮累积吸收总量的4.7%～7.1%、磷累积吸收总量的6.3%～8.2%、钾累积吸收总量的7.4%～12.3%和钙累积吸收总量的3.1%～3.9%；花针期氮、磷、钾、钙的吸收量分别占氮累积吸收总量的35.5%～58.4%、磷累积吸收总量的20.8%～58%、钾累积吸收总量的49.8%～74.7%和钙累积吸收总量的33.4%～14.2%；结荚期氮、磷、钾、钙的吸收量分别占氮累积吸收总量的23.7%～53.8%、磷累积吸收总量的15.5%～64.7%、钾累积吸收总量的12.4%～18.8%和钙累积吸收总量的38.5%～49.8%；饱果期氮、磷、钾、钙的吸收量分别占氮累积吸收总量的8%～10%、磷累积吸收总量的8.2%～18.3%、钾累积吸收总量的5.9%～10.6%和钙累积吸收总量的10.9%～17.2%。

花生的施肥原则是以基肥为主，追肥为辅。花生开花下针期以前是根系吸肥力最强和吸肥量最多的时期，因此高产花生所需肥料，要全部或大部分结合冬耕和早春耕地作基肥和种肥施用。

花生的施肥是一项关键技术，生产上必须根据花生生长发育规律、需肥特性、供肥能力等因素进行科学合理施肥。高产花生在施肥时，应以有机肥为主，化学肥料为辅；前茬施肥培养地力与当季施肥相结合；根际追肥与根外追肥相结合。做到既要配方施足大量元素肥料，又要根据需要科学合理地施用中量和微量元素肥料，才能满足花生优质高产的需要。

根据高产花生对氮、磷、钾主要营养元素吸收量和肥料的吸收利用率，高产花生的基肥要施足。在中等以上肥力土壤，采用氮肥、钾肥足量施，磷肥加倍施的施肥比例。高产花生应结合冬前或早春深耕时每667平方米施入优质土杂肥5 000千克，尿素15～25千克，普通过磷酸钙50～100千克，硫酸钾15～25千克。同时，结合整地每667平方米，在0～10厘米花生结实层土壤中，施石膏粉15～30千克。

三、深耕整地起垄技术

花生是深根作物，花生田深耕是加深活土层，增强抗旱耐涝能力，加速土壤熟化，扩大花生根系营养范围的主要措施。深耕能促进耕层土壤微生物活化，加快土层中难溶性有机养分和矿物质养分的释放，提高土壤速效养分含量，扩大花生根系营养吸收范围。深耕翻的时间宜早不宜迟。秋耕要在早秋作物收获后及时进行，冬耕要在晚秋作物收获后及时进行。如确实需要春深耕，则一定要在冬后早春进行，这样距播种有一段较长的时间，耕翻的土层可以经过自然沉实，并与所施的有机肥料达到粪土相容，以创造深、活、松的高产土体和上松下实的土层结构，前茬和当茬都要适当耕翻，逐年加深熟化的耕作层。深耕翻是加深熟化耕作层，创造高产土体的重要措施之一，深度以30～35厘米为宜，以打破犁底层为准。耕翻过深，生土翻上过多，当年熟化不透，还会因为降低了耕作层有效养分的含量而使花生减产。其次，对于土质过黏的花生田，则应适当压沙，改良土壤结构，以增强结实层的通透性，同时还能提高土壤的温度，创造良好的结实环境。再次，耕作中还应注意轮作换茬。

深耕后的田块，要及时平整，注意做到不乱土层，深度一致，疏松、细碎、湿润。地面平整略有坡度，以利于保墒蓄水和排水方便。

采用高畦垄作是确保花生高产稳产的主要措施之一。高畦垄作有利于排水，提高发芽率。宜采用垄宽 70～110 厘米(含垄沟)、垄高 13～16 厘米的规格。采用垄作也有利于排灌、田间管理、提高土温及通风透光。

地膜覆盖栽培的，按膜的宽度做垄，若膜宽 80 厘米，则垄宽亦应为 80 厘米，其中垄沟为 30～33 厘米、畦面宽 47～50 厘米。应在起垄后趁墒进行覆膜，务必使膜紧贴垄面，并用泥土将膜四周压紧。

第三节　播种技术

一、播前种子处理

花生高产栽培需保证种子发芽率高，发芽势强。因此，播前应进行种子发芽试验，以测定种子的发芽势和发芽率。发芽势在 80%以上，总发芽率在 95%以上的为优质种子，可作花生高产田用种。花生种子的发芽势强弱、发芽率高低，是花生田间出苗快慢和出苗整齐度的基础。一般以 100 粒种子在 48 小时内，胚根能长至 3 毫米以上的发芽总数为发芽势；72 小时内的发芽总数为发芽率。发芽势强，发芽率高的种子，播种后出苗快、壮而齐，反之出苗慢而不齐、苗弱、抗病力差，种子也容易在土壤中霉变腐烂，造成缺苗。所以，花生种子要求发芽势在 80%以上，发芽率在 95%以上，发芽率低于 80%不能作为种子使用。如果种子紧缺，其发芽率在 85%以上，可以采用浸种催芽、拣芽播种等补救措施，保证全苗。花生种子经过较长时间的贮存，容易受外界条件影响。为提高种子的生活力，促进种子后熟，播前应进行种子筛选和处理。

1. 播前晒种 播种前带壳晒种，能促进种子内部酶的活性及种子的后熟作用。晒种时选择晴朗天气，于上午将带壳花生种子摊铺在土场上，下午 4 时左右收起，不宜在水泥场上或石板上暴晒，以免高温损伤种子。一般连续带壳晒种 2～3 天，能提高种子发芽势 15%～25%，提高发芽率 10%～15%，播后发芽快，出苗齐。已剥壳的种子，播种前在 30℃左右的热炕上暖种 24～36 小时，也能显著提高种子的发芽率和发芽势，还能起到杀菌抗病作用。

2. 适时剥壳 花生剥壳后，呼吸加快，不宜存放，应在播种前 1～2 天剥壳，应随剥随种。避免过早剥壳使种子吸水受潮、感染病菌或受到机械损伤。种子剥壳后要进行分级、粒选，将杂种粒、受伤破损粒、种皮略有脱落粒、已发芽粒、秕粒、小粒、病虫害粒、霉变粒拣出不用。剩下的饱满种子按大小分为 2 级，分级播种，促使苗匀苗壮。一般来说，一级种比二级种增产 10%以上。

3. 药剂拌种 播种时，用 0.3%的多菌灵可湿性粉剂等杀菌剂拌种，可以防止或减轻病害；用 2%～3%的氯丹乳油等药剂拌种，对防治地下害虫和鸟兽为害有良好效果。用根瘤菌剂和钼肥拌种能加速根瘤形成，增强花生的固氮作用。

4. 药剂浸种 播种前用浓度 0.3%的 25%多菌灵可湿性粉剂浸种后，再用 90%钼酸铵 10 克与种子混合拌匀，宜现混现播，不要过夜，以免降低种子发芽率。

5. 催芽 花生催芽是确保全苗的一项有效措施。催芽的方法很多，目前各地推广的方法有土炕催芽、沙床催芽和室内催芽 3 种。可根据花生种子发芽所需条件灵活掌握。机播不能催芽。

浸种催芽应注意以下几个问题：一是必须分级选种、浸种，才能使种子吸水均匀，发芽整齐。二是种子刚浸入温水内，种皮呈皱皮时，不要翻动，以免掉皮。三是催芽时间不要过长，以刚“露白”为宜。四是催芽后遇雨不能播种时，应将种子摊在阴凉处，抑制芽的生长。

6. 拣芽播种，保证播种质量 精选大粒饱满种子，然后催芽、拣芽，并将种粒平放点播或插芽播种。通常播深以5厘米为宜，若土质黏、墒情好，或覆膜栽培，可适当浅播，以3厘米为好；沙性土，墒情差，应播深些，但不要深于6厘米。播后覆土要深浅一致，适时进行镇压，以免播种层透风跑墒，造成种子失水。尤其是垄种，由于土层松暄，播后视土壤墒情，于当天下午或次日用锄板推压或踏踩播种层，使土种密结，垄体实落，提墒保苗。

二、适时播种，确保全苗

花生高产田出苗齐苗，是田间合理密植的重要保证，是花生高产的基础。全苗一般是指花生田实收株数、出苗数与实播数相接近，出苗株数要占实播数的99%，实收株数占实播粒数的98%以上。为了达到一次播种，一次全苗，必须根据花生种子发芽出苗所需要的条件，做到精细播种，做好播前种子准备，提高播种质量等工作。

适时播种，保证一次播种达到苗全苗壮，是夺取高产的重要环节。应根据品种特性和当地气候变化规律来确定适宜的播期。覆膜栽培可提高土壤温度，比露栽花生全生育期的总活动积温增加190℃～370℃。因此，播种期应比当地露栽的提早10天左右。在适期播种范围内，做到有墒抢种，无墒造墒播种，不要等，以免贻误播种适期。另外，北方花生产区春季气温回升过程中，有3～5天一次寒潮回流的特点，寒潮一般持续时间较短，可在适期播种范围内，抓住暖头冷尾，抢墒早播，不要因躲寒流耽误播种适期。

一般可以开始播种的时间是：北方花生产区根据气候条件，适宜播种期应在“谷雨”至“立夏”之间(4 月中旬至 5 月上旬)。南方大部分地区在 3 月份，广东省为 2 月份，海南省为 1 月份。在适期播种范围内早播，对充分利用有效积温条件提高成果率，具有重要意义。春花生应掌握当地达到上述温度标准时为适宜播种期。考虑后期低温干旱时对荚果成熟的不利影响，应尽量使夏花生在 18℃以上的温度条件下成熟，以利于荚果充实饱满。

花生播种的质量应满足苗全、苗齐和苗壮的要求。苗全即出苗率在 90%以上；苗齐即能发芽的种子在始苗3～4 天全出齐；苗壮即出苗时子叶露土或半露土，第一片展开叶的叶柄长，叶片大，叶色鲜绿。为保证全苗，提高单产，当花生出苗后 3～4 天，宜及时查苗补苗。补种的种子宜先浸种催芽，以尽可能赶上早播大苗的生长速度。

花生苗全、苗齐、苗匀、苗壮是高产栽培的首要环节，也是建立高产合理群体结构的基础。只有苗全，才能确保单位面积上有足够的群体株数；只有壮苗才能建立花生个体生育协调，群体生长稳健的高产群体结构。花生缺苗多，苗自身弱，难以实现高产。因此，高产花生要求出苗整齐一致，即始苗后(出苗株率 10%)3 天内出苗株率达 95%以上，以缩小苗株之间在生长发育期上的差距，使苗匀，并为壮苗创造条件。

壮苗的标准为：根深，叶浓，茎粗，节密，第一对侧枝早生快发，发芽分化早而集中，要求弱苗不超过 5%。只要上述指标得以实现，花生高产即有了基础。

三、合理密植与种植方式

1. 种植密度 花生合理密植的密度范围掌握以植株在结果期封行为宜，合理密植的花生长相总的要求是“肥地不倒秧，薄地能封行”。一般生产条件下，在生育期长，植株高大，分枝性强、蔓生型品种，以及高温多雨、土壤肥沃、管理水平高的条件下应适当稀植。反之则密一些。

适宜的种植密度规格：疏枝大果紧凑型品种，高产田侧枝长 45～48 厘米，平均行距 43～46 厘米，穴距 15～17 厘米，每 667 平方米种植 8 000～9 500 穴；疏枝大果松散型品种，高产田侧枝长 48～50 厘米，平均行距 46～48 厘米，穴距 17～19 厘米，每 667 平方米种植 7 000～8 500 穴。密枝型品种，高产田侧枝长 42～46 厘米，平均行距 42～46 厘米，穴距 16～19 厘米，每 667 平方米种植 7 500～9 000 穴。密枝紧凑小果型早熟品种，高产田侧枝长 35～39 厘米，平均行距 33～37 厘米，穴距 14～17 厘米，每 667 平方米种植 11 000～13 500 穴。

在适宜密度范围内，起垄种植较易建立合理群体结构，实现高产。垄种受光面积大，比平种地温高，利于苗全苗壮。垄种为花生创造了松暄的结实层，利于果针入土结实，便于清棵、锄地，防止埋苗压枝，利于浇水和排涝，减少秕果和烂果。垄种一般比平种增产 10%以上。垄种有单行垄种和双行垄种两种方式。

花生单位面积产量是由每 667 平方米株数、每株果数和果重（千克果数）3 个因素构成。产量构成因素间存在一定矛盾，若单株生产力过低虽有较多的株数而总果数不多，不一定增产；反之，若株数过少，虽有较高的单株生产力，还是不能高产。一个合理的高产群体，既要求单位面积上有数量适宜的群体，又要求个体发育良好，整齐平衡。因此在一定土、肥、水条件的基础上，建立一个大小适宜、个体生育与群体发展协调的群体结构，是高产栽培的中心环节。合理密植首先是可以充分利用光能，在适宜的密度范围内，随着密度的加大，虽然光合生产率因群体叶面积增长而有所降低，但其光合产物下降的数量低于因叶面积增长而增加的数量，所以群体的光能利用率提高，总光合量增加，产量亦能相应提高。其次，合理密植可增加有效结果枝数。实践证明，在合理密植的情况下，随密度的增加，单株的分枝数目相应有所减少，但单位面积内群体的第一次分枝的总数，特别是有效结果分枝的总数则随密度的增加而增多。由此可见，合理密植可充分利用光能，增加有效结果枝数，是花生高产栽培的重要措施之一。据河南省开封市农林科学研究所实验研究，若种植豫花 5 号、豫花 7 号、豫花 10 号等直立疏枝、大果型品种，每 667 平方米产 500 千克以上荚果，应实收 1.47 万～1.65 万株，单株结果数 18～21 个，总果数多于 26 万个，双仁果率高于 50%，饱果率大于 55%，每千克果数少于 600 个。播种时根据所采用的栽培模式，确定种植方式和规格，做到合理密植。地膜覆盖高产栽培花生播种密度为行距 40 厘米左右，穴距 16～20 厘米，每 667 平方米 8 000～10 000 穴，每穴 2 粒种子。

2. 种植方式

(1)起垄播种　便于灌排，垄面上土层疏松，通气好，地面受光面积大，春季升温快，在春季保墒好的情况下，苗壮，烂种轻。起垄种植花生清棵彻底、省工，中耕时不易埋苗、压蔓，培土恢复垄形后，有利于通风透光，土壤昼夜温差大，荚果发育好。缺点是起垄要求行距稍大，一般垄宽 70～110 厘米（含垄沟宽 30 厘米左右），因此在肥力较高，密度较低或排水不良易涝地上起垄种植比较适宜。

(2)平播　土层深厚且不易涝的田块可以采用,但不如起垄种植的产量高。平播简单省工,可随意调节行距,充分利用地力,保墒好,目前应用普遍;缺点是在排水不良条件下易渍涝,烂果较多。

(3)高畦种植　适于在不易渗水的低洼易涝地和丘陵地采用。一般畦宽1.1～2米,沟宽30厘米左右,沟深17～20厘米。然后把畦整平,畦上可以平种,也可以起垄种植。

确定花生行、穴距的原则是既要充分利用地力光能,又要便于行间、株间通风透光。为便于田间中耕,一般行距不应小于30～35厘米;在肥力高的田块,中后期通风透光的矛盾较大,在减小种植密度的同时,应适当放宽行距(或宽窄行),目前高产花生田行距一般为35～55厘米。但穴距一般不小于15厘米。

花生的播种方式有双粒条播、单粒条播、小丛穴播、宽行窄株等。一般每穴播种2～3粒,播种深度以5～7厘米为宜,地膜栽培播种深度为3厘米。先播种后覆膜方式,出苗开膜孔后要在孔周围盖一把土;先覆膜方式则在播后压实时在膜孔上盖土。

第四节　田间管理技术

花生播种后,为达到高产丰收的目的,则应根据植株所在不同生育阶段的发育情况,采取相应的管理措施,以确保花生良好生长发育、高产、优质。

一、查苗补种

花生播种后10天左右基本已经齐苗，尽管播种时采取了一些必要的全苗措施，但受种子质量、播种质量、墒情等影响以及鸟兽虫病害等原因，难免会出现缺苗现象，应在播种后1～2周内及时查苗补种，常用的补种方法有催芽补种、育芽补栽和育苗补栽等。

1. 催芽补种 种子经催芽处理后，在缺苗处直接补种。种时，把原播种在土壤中未发芽的种子挖出，再播下已催芽的新种子，然后用潮湿的新土覆盖好，轻轻拍几下即可。在田间干旱的情况下应先点水后补种，即在需要补种的位置挖穴、浇水，待水渗下后再放种子，而后覆盖好。补种时应将种子的子叶朝上或平放在穴内。一般春花生在播种后10～15天补种，麦套和直播花生在播种后8～12天补种。催芽补种方便易行、效果好，是查苗补种最常用的方法。

2. 育芽补栽 在补栽前6～7天，选择背风向阳的沙地或沙床，用催芽的种子播种，覆土5厘米左右，保持适宜的土壤水分，待胚根长到4～6厘米，花生顶土地面出现裂缝时轻轻移出，补栽时随起随补，补栽后及时浇水，确保成活。这种补栽方法优点是出苗快，但补栽时大田的墒情一定要好。

3. 育苗补栽 播种时在田边地角，播一些种子做预备苗，为补栽时起苗方便，预备苗播种时下种的间距要适当大些或采用塑料钵育苗，待幼苗长出2～3片真叶时，选择阴雨天或傍晚时进行补栽，移苗时要带土挖起，随挖随栽，栽时要浇水。育苗补栽的优点是补栽苗和田间花生苗大小一致。缺点是移栽时费工，移栽质量不好时移栽花生结果少。

二、清棵蹲苗

清棵是指在花生出齐苗后，为解决花生深播全苗及第一对侧枝被埋在土内而影响结荚所采取的技术措施，清棵比不清棵的可增产10%以上。清棵的时间应在基本齐苗时进行，结合中耕将花生幼苗周围的土向外扒开，形成一个圆形的小坑窝，使2片叶子和子叶叶腋间的侧芽露出地表土外，直接接受阳光照射，抑制节间的伸长，使第一对侧枝发育健壮，减少基部几节及其上的二次分枝的果针入土距离。地膜覆盖花生可结合破膜引苗直接用手清棵。

1. 清棵增产的原因 花生的第一对侧枝着生在子叶节上，花生出苗时子叶不出土或半出土，这样侧芽开始生长时往往被埋在土里，生长慢，不健壮，影响开花结果。花生主要依靠第一、第二对侧枝结果，这两对侧枝结果数占全株总果数的90%左右，因此在栽培上促进第一、第二对侧枝健壮发育十分重要。及时清棵可使子叶叶腋间的侧芽露出土面，及时清棵，使子叶叶腋间的茎枝基部露出地面，足量接受阳光照射，改变花生基部冷、湿的小气候，不但能促进茎枝早生快发、生长健壮，而且能起到蹲苗作用，有利于花生第一对侧枝生长发育，促使二次分枝早生快发，花芽分化早而集中，总花量和有效花量增加，下针多而齐，结实和饱果率提高，并使花生生长健壮，使单株果数和产量明显提高。

清棵能促使花生根系发育，主根深扎，增强抗旱和吸肥能力。据调查，清棵后20天，清棵植株主根较不清棵的长50%左右；侧根较不清棵的增加28%左右；侧根总长度较不清棵的长25%左右。

随着清棵处理，花生基部组织老化，小气候改变，不利于蚜虫的繁生和刺吸为害，蚜虫发生显著减少。同时，花生基部周围的小草被扒土清除，减少了杂草对根茎的危害，有利于植株的健壮生长。

2. 清棵方法 花生齐苗后，要立即清棵，清棵太早，幼苗嫩弱，叶片易被晒伤，并促使表土层水分蒸发，造成表土干燥，影响幼根伸展；清棵过晚，基部土埋时间长，影响第一对侧枝早生快发。平作花生在行间浅锄一遍，然后扒土清棵，露出2片子叶。起垄种植的花生，可深锄垄沟，浅锄垄背，然后清棵。地膜覆盖的花生可结合开口放苗进行清棵。清棵深度以2片子叶全部露出地面为宜。扒土过浅，子叶不露出或不能完全露出地面，不能完全起到清棵的作用。清棵过深，下胚轴胚颈露出，容易造成幼苗倒伏，不利于正常发育。另外，在清棵时还要注意不要损伤或碰掉花生子叶，以免造成弱苗。花生清棵后，经过一段蹲苗时间，幼苗才能健壮发育，二次分枝才能早生快发。一般在清棵15天以后，花生茎枝基部节间由紫变绿，待二次分枝分生后，再进行二次中耕为宜。

蹲苗是指在幼苗期控制肥、水，抑制地上部分生长，促进根系下扎，以利于形成矮壮苗的技术。当恢复供水后，第二对侧枝较易赶上第一对侧枝的生长，植株更为整齐一致，并发挥这两对侧枝的增产作用，也有利于防止后期倒伏。蹲苗一般在幼苗4片真叶时进行，以干旱而又不影响幼苗的正常生理活动为度，生长瘦弱的幼苗不宜进行。

引升子叶节出土，是近年来使用的新技术。花生在出苗过程中顶裂表土，裂缝透光，芽苗见光后下胚轴停止生长，是子叶节不出土的根本原因。传统栽培法是花生齐苗后进行清棵蹲苗。引升子叶节出土则改变了传统的平播或垄作栽培，替代了清棵作业。具体方法是，露地栽培要按播种行的宽窄，做好垄，然后在垄上播种花生，再覆土呈尖形顶的垄，尖顶距种子 8～10 厘米，当播种 7～8 天后，待花生的下胚轴长到 4 厘米左右时，留下子叶上面约 1 厘米厚的薄土，把上面其余的覆土全部撤入垄沟，抹平垄顶以利保墒，起垄播种后覆膜的，宜在播种后，苗芽有顶土迹象时，在膜上堆成高 6～8 厘米的土垄，当花生出苗时，将膜上的土垄撤掉。撤土时即便有些黄芽露出，也无需覆埋，不影响增产。据试验，通过引升子叶节可使每株花生增加果实 4～5 个，甚至更多。实现花生种植机械化减粒增穴、单株密植技术和直播覆盖膜引升子叶节出土技术的实施，可实现花生种植机械化。

三、中耕和培土技术

1. 中耕 中耕的主要作用是松土、保墒、除草和保持浅土层暄松。中耕应酌情进行，花生地喷过除草剂、土壤松散或出苗后已清棵的地块，可以暂不中耕，到见花期再深耕。如果没有喷除草剂，往往杂草丛生，严重危害花生的生长，对花生产量影响很大，加上浇水后土壤板结，果针入土、荚果膨大都很困难。在这种情况下，中耕是很必要的增产措施。中耕可以减少土壤水分蒸发，防止土壤板结，改善土壤通气状况，增强蓄水、保水能力，有利于花生的生长。

没有喷过除草剂的花生田，在生育期间一般应中耕 3～4 遍。具体要求：一遍深，二遍浅，三遍、四遍不伤根和针。第一遍在花生出苗后，结合清棵进行，要深锄。第二遍在清棵15～20 天后初花期进行，要浅锄，以除尽伏前杂草为主，又要保持基部清棵时的状态和蹲苗环境。第三遍应在果针下扎前或封垄前，要浅锄细锄，以不伤根系、果针和果枝为标准，为最后培土迎针打基础。锄地时要选择好天，如锄后下雨，地表板结，应在雨后墒情适宜时再中耕1次。此后,因花生进入下针期,不宜再中耕,以后发生的杂草,应采取小草拔除、大草割除的措施防除。

2. 培土 培土时间应在花生盛花期,大批果针将要入土时进行。对花生进行适时培土,可以增厚花生棵根系周围的土层,缩短果针与地面的距离,有利于果针入土结实,并有利于中后期土壤水分的贮存供应,还起到松土保墒、铲除杂草的作用。培土时应选择晴天,墒情适宜时,避免培土后短期内降雨造成土表板结。培土要细致,先把行间的土锄松、碎,再用耘锄轻轻往两边分,不要锄动、碰伤已入土的果针,切实做到穿垄不伤针,培土不压秧。培土后还应根据杂草生长情况进行人工拔草。

四、促保调控,确保花生稳健不衰

花生苗全、苗齐、苗匀、苗壮是高产的首要环节,高产花生田由于花生群体植株密度大,土壤肥力高,前期易迟发,中期易徒长,后期易早衰。在田间管理上应采取促、保、调、控的措施,确保花生稳长高产。

第一,生育前期,在抓好花生全苗的基础上,通过早清棵、深锄地、适当蹲苗促早发,为壮苗创造条件,促使幼苗根深、茎粗、枝多、节密、花芽分化早而多,促使开花集中和第一对侧枝早生快发,长势苗壮。生育前期培育壮苗,是提高光能利用率、协调营养生长和生殖生长,增加结实率与饱果率,从而实现高产的重要基础。

第二,生育中期栽培的主要目的,是要保证花生稳健生长。由于此期温度高,雨量大,高产花生在前期壮苗的基础上,叶面积迅速增加,茎枝迅速伸长,逐渐进入营养生长和生殖生长并进的旺盛生长阶段。尤其是下针到结荚这段时间，若不适当调节和控制，花生易发生徒长，茎秆细弱，易倒伏，使植株的良好受光姿态受到破坏，光能利用率降低。因此，在这段时间内可适当控制，使营养体稳长、健壮不倒。可采取以下措施。

一是培土迎果针。抓住封垄和大批果针入土前的时机，结合锄最后一遍地，用大锄带草、深锄猛拉培垄。也可先用锄深锄垄沟，浅刮垄背，后用耘锄耥垄培土，做到沟深、土暄、顶凹、腰胖，创造侧枝高节位果针入土结实条件。

二是控棵保稳长。由于高产田土壤肥力高，很容易引起植株徒长而过早封行，始花后 30～40 天至结荚初期植株生长过旺如有徒长趋势，应及时叶面喷施比久，浓度为 1 000～1 500倍液。也可用 50～100 毫克/千克多效唑溶液 1～3 次，间隔 7～10 天，控上促下。以防止徒长，促进养分的合理分配，加快生殖体的生育进度。

三是遇旱浇水。如果此期 0～30 厘米土层含水量低，叶片中午萎蔫，日落才能恢复时，应及时沟灌润浇，解除旱情，促花开放。但切忌大水漫灌。

四是适时追肥。施肥量不足的地块，结合浇水，每公顷于根基处追施过磷酸钙 150～225 千克和草木灰 750～1 500 千克。

五是治虫保花果。始花前后易发生蓟马为害，可及时叶面喷施 40％乐果乳油 1 000 倍液防治。始花至单株盛花期发生蚜虫为害时，喷施 40％乐果乳油 800～1 000 倍液，或于早晨、傍晚喷施乐果粉防治。

六是治病防早衰。花针期叶片陆续发生黑斑病、焦斑病危害，不仅影响此期叶片光合效率，而且还会造成中后期茎叶枯衰，影响荚果的充实饱满。应于始花后根据病情及时叶面喷施25%的多菌灵可湿性粉剂500倍液，或用1∶1∶100的波尔多液或48%的百菌清可湿性粉剂600～800倍液防治。每隔10～15天喷1次，连续喷4～5次。

第三，花生生育后期，特别是在饱果成熟期，在花生健壮不倒的基础上，保持较多的绿叶面积，使光合能力和净同化率维持较高的水平和较长的时间，才能提高荚果饱满度和饱果率。此期应进行根外追肥，要根据花生生长情况和生育时期确定施肥时间，选择无风阴天，或晴天上午9时前和下午4时后喷施，以增加叶片吸收量，防止伤害叶片，喷后4小时遇雨，应于雨后补喷。要严格掌握喷施浓度，浓度大易伤害叶片，造成肥害。喷药时要喷匀喷细，叶的正反面都要喷到。花生叶面施肥具有肥料吸收利用率高，节约用肥，增产显著的效果。叶面施用氮肥，花生植株吸收利用率达55.5%以上，饱果数明显增加，经济系数显著提高；叶面施用磷肥，一般可增产7%～10%；叶面施用铝、硼、锰、铁等微肥，一般可增产8%～10%。氮、磷、钾、钙等大量元素及钼、硼、锰、铁等微量元素均可在叶面施用。

在生产上可根据实际情况任选下面一种或几种施用。

一是叶面施用氮肥。称取尿素0.5千克，对清水50升充分搅拌溶解为1%的尿素水溶液；花生生育中后期如有脱肥现象，或花生生长期连续降雨，土壤渍水，根系吸收养分困难时，即可喷施。

二是叶面施用磷肥。花生对磷的吸收能力较强，在生育中后期叶面喷施2%～3%的过磷酸钙水溶液，可增加光合产物向荚果运转的速率，提高荚果产量。具体方法是：将1～1.5千克过磷酸钙放于50升清水中，搅拌浸泡，经1昼夜后，取其上层澄清液施用，一般每隔7～10天喷施1次，连喷2～

3 次,每次每 667 平方米喷 60 升左右。要注意彻底去掉残渣,以免伤害叶片。

三是氮、磷混施。在缺磷又缺氮的花生田,可以喷 1%的尿素和 2%的过磷酸钙混合液,既省工,效果又好,混合液的配制方法是:在 50 升 2%过磷酸钙水溶液中加入尿素 0.5 千克。

四是叶面施用钾肥。一般用草木灰配制。配制方法是取未经雨淋的草木灰 2.5～5 千克,加水 50 升充分搅拌,浸泡 12～14 小时,取其澄清液,即为 5%～10%的草木灰浸出液,每 667 平方米每次喷施 60 升左右。也可采用硫酸钾或氯化钾水溶液,配制方法是在 50 升清水中加入硫酸钾或氯化钾 1 千克,搅拌溶解后即成 2%的硫酸钾或氯化钾水溶液,每 667 平方米每次喷施 60 升。

五是磷、钾合用。取干草木灰 2.5 千克,加水 20～25 升浸泡,同时取过磷酸钙 1 千克,撒入浸泡液中,充分搅匀,半天后过滤出清液,余下的再加水 10 升浸泡过滤,然后合并 2 次的过滤液,对水至 50 升,即为土法制造的磷酸二氢钾,每 667 平方米每次喷施 60 升,喷 2 次即有明显的增产效果。

根外追肥一般每隔 7～10 天叶面喷施 1 次,与 50%的多菌灵可湿性粉剂 800 倍液或 75%百菌清可湿性粉剂 400～600 倍液合用,每 10 天喷 1 次,连喷 2～3 次,防止叶斑病,以保持后期叶片的功能。

第五节　灌溉与排水技术

一、花生的需水特性

花生根系发达,吸水能力强,是比较耐旱的农作物,花生遇到干旱时，叶片的气孔并不完全关闭，仍能进行一定的光合作用并产生光合产物。遇干旱时，花生的生长发育会暂时受到影响，一旦恢复水分供应，会很快恢复到原先生产光合产物的水平。据测定，花生每合成1克干物质需消耗水分450～500毫升。但花生怕涝，又怕田间积水，水分过多，土壤中缺少氧气，根系发育不良，影响养分吸收，根瘤菌少，固氮能力弱，影响花生产量和品质。因此，花生高产栽培，应遵循花生需水规律浇水和排水。不同生育阶段需水总趋势是两头少、中间多，即幼苗和饱果期需水较少，开花结果期需水多。各生育期需水量占全生育期的需水量为：播种至出苗期占全生育期需水量的3.2％～7.2％，齐苗至开花期占全生育期需水量的11.9％～24％，开花至结荚阶段中熟大花生占全生育期需水量的48.2％～59.1％；早熟花生占全生育期需水量的52.1％～51.4％。饱果成熟阶段中熟大花生占全生育期需水量的22.4％～32.7％；早熟种占全生育期需水量的14.4％～25.1％。花生需水临界期为盛花期，需水最多的时期为结荚期。即盛花期是花生一生中对水分最敏感时期，一旦缺水，对花生产量造成的损失最大，而结荚期为花生一生中需水最多的时期，缺水干旱造成的产量损失很大。故这两个生育期要保证水分供应，不能缺水。在高产田管理措施中，被视为两次关键水。试验证明，这个时期土壤的含水量对花生的开花量、开花高峰期的早晚、果针的形成入土及幼果的膨大充实都有影响。

花生的水分管理应该是既要保证有充足的水分供应，又要防止干旱和水分过多对花生的危害，一般以保持土壤最大持水量的50％～70％为宜。当持水量低于40％以下时，应注意灌水。花生从出苗到开花这一阶段，是花生生根发棵的营养生长阶段，需水量占全生育期的11.9%～24%，一般不是很旱不必浇水，土壤适当干燥，促进根系深扎和幼苗矮壮；浇水过多反而影响根系下扎，使花生抗旱能力减弱。从开始开花到单株开花最多的这一阶段，是营养生长和生殖生长并进的阶段，需水量逐渐增多，遇旱时花量减少并停止，下针慢，入土受阻，光合作用减弱，这时期土壤不能干旱。开花下针期宜多水，土壤较湿润，可促进开花下针；从盛花到荚果形成，这一阶段是花生营养生长的旺盛期，叶面积最大，茎叶封行，这时如果受旱，会形成大量小果、秕果，严重影响产量，这个阶段要保证土壤湿润。既满足荚果发育需要，又防止水分过多引起茎叶徒长和烂果。饱果成熟阶段，营养体生长基本停止，茎叶贮藏的养分大量向荚果运输转化，植株中、下部叶片大量脱落，蒸腾作用减弱，对水分的消耗减少，只要保持地表潮湿，不旱即可。土壤湿度过大，通气不良，反而不利于荚果发育，甚至造成大量荚果霉烂变质。苗期土壤水分控制在田间最大持水量的50%左右，开花下针期在70%左右，结荚期在60%左右，饱果成熟期在50%左右较为适宜。

二、灌溉方法

高产花生多为起垄栽培，浇水时适宜小水漫灌，将水浇于垄沟内，由垄沟向两侧及底层浸润，以浸透垄埂为度。在平原花生区，一般采用2米1畦，1畦种5行或6行花生的方法；麦套花生还保持原来的小麦畦，畦灌是主要的灌溉方式。春播地膜覆盖区及起垄种植花生区，常采用沟灌；灌后适当时间要对垄沟进行一次深中耕，有利于保墒防旱。

三、排　水

在花生生育期间，都要经过多雨季节，要做好排水准备，田间排水不畅，地面积水，土壤中的氧气缺乏，会严重影响花生的生长和发育。苗期田间积水，造成根系发育不良，根瘤菌着生减少，植株黄化矮小、细弱；中期田间积水，影响根系对养分的吸收，固氮能力差，开花、受精率低，结实率下降，后期幼果多，荚果不饱满，甚至造成大量烂果，严重影响花生产量和品质。发现田间积水后要及时排出，否则很容易发生涝害，造成减产。田间排水方法应根据地势、土质和降水量等具体情况而定。

第六节　收获与贮藏技术

一、成熟的标志

一般认为地上部植株停止生长，中下部叶片由绿变黄并开始脱落，上部叶片昼开夜合的感夜运动不灵敏或消失，是花生成熟的标志。此外，主要看荚果的充实饱满度，据不同熟性品种的物候期，检查多数荚果已饱满为准。一般珍珠豆型早熟品种的饱果指数达 75％以上，中间型早中熟大果品种的饱果指数达 65％以上，普通型中熟花生品种的饱果指数达 45％以上，即为成熟的标志。荚果饱满的标志是：外壳表皮由黄褐色变青褐色，多数荚果网纹明显；内果皮海绵组织变薄而破裂，并由白色变为带金属泅涌的黑褐色；籽仁充实饱满，种皮显示该品种固有的本色。具有以上特征时可进行收获。覆膜花生一般比露地栽培的花生提早 7～10 天成熟，收获时间也应相应提早。

二、收获适期

花生收获的适期必须从长相、荚果发育状况和气候变化等多方面综合判断，做到三看一防。

一看地上长相。植株顶端不再生长，中部叶片大部分已能脱落，上部叶子变黄，傍晚时叶片不再闭合，表明植株已经衰老，应抓紧时间收获。

二看荚果发育状况。拔起花生植株，多数荚果网纹清楚，剥开荚果，果壳内的海绵层有黑色光泽，籽粒饱满，种皮发红，表明已经成熟。

三看自然气候变化。昼夜平均温度下降到15℃以下时，花生荚果就不再继续生长，如推迟收获，则有害无益。

一防是注意防冻。花生荚果水分未降到10%时，要注意防冻。受冻后，发芽率降低，品质下降。

花生的收获要适时，收获过早，荚果不饱满，产量和含油量均低；收获过晚，早熟的饱满荚果易脱落，籽仁内脂肪也易酸败，不仅收获费工，而且降低产量和品质。尤其是有些珍珠豆型品种，种子休眠期短，成熟期如遇干旱，荚果失水，很快打破休眠，再遇雨就立即带壳发芽，因此必须做到适时收获。

正确判断花生收获适期除依据饱果指数外，还应该根据当地气候和品种熟性以及田间长相灵活掌握。因为气温过低荚果就不能鼓粒；植株上部鲜叶凋落太多，荚果不但不能再充实饱满，而且茎枝很快枯衰。如果每条茎枝鲜叶片少于3片，日平均气温低于15℃花生饱果指数虽未达标，也应立即安排收获。

花生的大田收获适期。北方春播大花生产区早中熟品种在8月下旬至9月中旬;麦套、夏播花生在9月下旬至10月上旬。长江流域春夏花生交作区,在8月上中旬。南方春秋两熟花生区,春花生在6月下旬至7月中旬;秋花生在11月中旬至12月上旬。

三、及时晒干

新鲜花生荚果含水量一般为45%~55%。为保证荚果质量,避免霉烂变质,应及时晒干。花生安全贮藏的中心问题是干燥,只要种子含水量低于8%~10%,就可以入库贮藏。据测定,种子含水量6%可耐-30℃的低温;种子含水量10%经-24℃ 75小时,发芽率仍为95%;含水量31%时,在-6℃经72小时,发芽率只有15%;含水量45%的种子,在-2℃下2小时,发芽率可降至65%。已脱果的花生如不及时晒干,由于堆内温、湿度的增高,还易发热霉变。

我国北方花生产区收刨后在田间就地铺晒的习惯值得推广。即收刨时将3~4行花生植株合并排成一行。根果向阳,这样株体将荚果架空,通气好,干得快。晒至五六成干,摇动有响声后,将茎叶向内、根果向外堆成小垛,继续在田间进行垛晒。这样既可使秸秆鲜绿,提高饲料质量,又便于往场上搬运。也有的将半干的花生运回场上堆垛或摘果。搬运时应选择早晨或阴天,以减轻搬运中荚果掉落和茎叶破碎。

摘果后荚果含水量仍然较高,扬净茎叶等杂质后还要继续晾晒1~2天,然后再堆捂2昼夜,再摊晒放风,这样反复堆晒,使含水量降低到8%~10%为止。此时,手搓种皮易掉,牙咬种子有脆声,即可安全入仓。

四、安全贮藏

花生种子在贮藏期间仍在呼吸，常受水分、温度、湿度等外界条件及种子本身水分高低、杂质多少、品质好坏等因素的影响，如贮藏不当，仍有受冻和霉变的可能。

1. 贮藏与环境条件的关系 安全贮藏的关键是保持荚果干燥，以降低种子的呼吸代谢作用。种子含水量高时，细胞内会出现游离水，并使脂肪酶和其他酶的活性增强，呼吸作用加强，呼吸热也提高，使种子霉变。因此，安全贮藏种子的含水量要在临界含水量以下。一般作物种子在25℃温度下，种子含水量不超过非油部分的15%，其种子的呼吸作用比较稳定。含油量越高，安全贮藏的临界含水量越低。如花生种子含油率平均为46%，其临界含水量应为(1－46%)×15%＝8.1%，这就是说，安全含水量应在8%以下。

温度的高低，对贮藏期间的呼吸代谢活动也有一定影响。充分干燥的荚果，在自然贮藏条件下，花生堆内温度随着气温的升降而变化。据试验，温度21.1℃荚果可保持优良品质6个月，籽仁可保持4个月；18.3℃荚果可安全贮藏9个月，籽仁6个月；0℃～2.2℃种子可安全贮藏2年；－12.2℃可安全贮藏10年之久。种子含水量8%、堆温在20℃以下，脂肪酸含量一般变化不大，超过20℃时，温度越高，酶的活性越大，酸价越高，分解作用也慢慢加强，长期贮藏后，种子易丧失发芽力。

2. 贮藏的注意事项 花生安全贮藏的荚果含水量为7%～9%。直接鉴定的方法是：手摇荚果响声坚脆，咬食种仁感到硬脆，手搓种仁时，种衣即脱。花生贮藏过程中，为防止霉败、虫蛀、鼠咬，要定期检查。如发现种子水分、温度超过安全界限时，必须在晴天或空气干燥时打开门窗通气或晾晒。良好的通风条件，可使种子堆内产生的热、水、二氧化碳不易积聚，起到降温散湿的作用。种用花生以存放荚果为好，果壳可以起到防湿保暖的作用，留种花生剥壳时间距播种越近越好。

第七节　花生优质高产栽培中植物生长调节剂的应用技术

为了使花生增产增收，提高品质，植物生长调节剂被广泛应用于花生栽培，并取得明显效果，应用于花生生育期的生长调节剂有促进花生生长、抑制花生生长、改变种子休眠、改进花生品质等作用。无论应用何种类型的生长调节剂，都要严格掌握其浓度、用量、处理部位和应用时间，谨防药害。常用的植物生长调节剂在花生上的功能和应用如下。

一、常用植物生长调节剂

1. 比久(B_9)　比久是一种人工合成的植物生长延缓剂，适用于植株生长旺盛的高产田，应用比久已成为创造花生高产的一项重要措施。

比久能控制花生茎叶生长，适宜在下针期施用，使植株矮化，使花生叶片加厚，提高叶绿素含量，降低碳素同化产物在茎叶的分配率，提高碳素同化物在荚果中的分配率，促进光合作用向果实转化，促进荚果发育成熟饱满，提高饱果率和出仁率，提高产量15%左右，一般每667平方米用量为25～50克，浓度为1 000～1 500毫克/千克，在花生盛花期喷洒第一次，间隔1周喷洒第二次，一般不超过2次，可控制高水肥、高密度田块花生的徒长。

2. 多效唑 多效唑是一种新型植物生长延缓剂，与比久的功效相似，抑制生长效力较强。使用观察发现，多效唑对花生叶斑病和根腐病有抑制作用，浓度过大易造成花生早衰，应严格控制用量，最好与追肥同时进行，能起到上控下促防止早衰的作用。可有效控制茎枝生长，使叶片增厚，叶色加深，增强光合能力，开花早而集中，结果多，饱果率高。一般可增产20%左右。

利用多效唑控制花生旺长，适宜在盛花期施用，以叶面喷施为主，在盛花中、后期喷施为宜，喷洒浓度 50～150 毫克/千克，多效唑对花生生长抑制力强，浓度宜小不宜大，浓度过大，对花生抑制过重，荚果变形变小，导致减产。两次喷药时间应间隔 10 天左右。中低产田块不宜施用。

3. 烯效唑 烯效唑对花生徒长有明显的控制作用。能抑制茎枝生长，促进侧枝分化，增强光合作用，增加单株果数，提高饱果率，具有增产作用。试验表明：利用烯效唑控制花生旺长，以叶面喷施为宜，浓度掌握在 50%烯效唑乳剂 50～70 毫克/千克，适宜在开花下针期喷施。烯效唑对花生的有效控制在 10 天以内，见效快，残效期短。

4. 缩节胺 缩节胺具有明显抑制花生主茎生长，促进分枝的作用。适宜在下针期和结荚初期施用。在高产栽培中，用于控制花生徒长，可在结荚期进行叶片喷施，浓度以 100～150 毫克/千克为宜。可提高花生根系活力，增加荚果重量，改善品质，间隔 2 周左右，喷施 2 次效果最好。

5. 矮壮素 矮壮素可以抑制植物细胞生长，使植株变矮，茎秆粗壮，节间缩短，增强抗倒伏能力。在花生生长过旺地块于盛花期喷施，浓度以 2 000～5 000 毫克/千克为宜。一般田块不宜应用。

6. 赤霉素(九二〇) 在中等偏下肥力和不发苗的花生田施用,使主茎和侧枝明显增高,分枝数目增多,高节位果针显著延长,果针入土率、结实率和饱果率提高。增产率为10%~20%。可采用浸种和花期喷施两种使用方式。前者将种子先入清水浸2~3小时,再转到30~40毫克/千克药液中浸1~2小时,晾干播种。后者是在初花与盛花期各喷1次30~40毫克/千克药液。

7. 三十烷醇 主要促进植株体碳氮代谢,提高光合强度,增加干物质积累而增加产量,增产率为8%~13%。施用方法为:浓度为0.5~1毫克/千克药液浸种4小时后播种,或幼苗期1毫克/千克药液,盛花期0.5~1毫克/千克药液喷施,可增加结荚率,提高百粒重。

二、植物生长调节剂的配制技术

植物生长调节剂一般在产品说明书上都标明产品的使用方法,这里就常用产品中的配制与浓度作一介绍,便于参考使用。

(1)比久的配制 称取比久2克,在小烧杯中加入少量热水,然后再加入比久,搅拌至溶解。如不能全部溶解可略加热或再加少量热水不断搅拌至全部溶解。然后加水稀释至500毫升,即为4 000毫克/千克的比久原液。

(2)萘乙酸的配制 称取萘乙酸原粉1克,放入小烧杯中。加少量水,滴入1%的酚酞试剂1~2滴,然后用5%氢氧化钠溶液缓缓滴入,出现红色,经搅拌后红色消失,要反复几次直到萘乙酸完全溶解,溶液出现淡红色,再加水1 000毫升,即为1 000毫克/千克萘乙酸原液。

(3)赤霉素(九二〇)的配制　称取赤霉素粉剂 0.2 克,放入小烧杯中,加入少量 95%酒精或 60°烧酒,搅拌至完全溶解,加水稀释至 200 毫升,即成为 1 000 毫克/升的赤霉素溶液。

(4)矮壮素的配制　量取 50%矮壮素药液 100 毫升,溶于 50 升水中,即为 500 毫克/千克矮壮素溶液。

(5)原液稀释方法　如果购买的产品是水剂,如矮壮素、乙烯利,使用时只要按需要的浓度和用量,计算出所需原液的量,直接加水稀释即成。

原液稀释计算公式:$N_1V_1 = N_2V_2$

式中,N_1为原液浓度,V_1为原液体积,N_2为使用浓度,V_2为使用体积。

例如:乙烯利原溶液浓度为 40%,即 400 000 毫克/千克,如需要乙烯利浓度为 2 000 毫克/千克,使用量为 6 000 毫升,问需取原液多少毫升?

代入上述公式为 $400\,000 \times V_1 = 2\,000 \times 6\,000$

即　V_1(毫升)$= 2\,000 \times 6\,000/400\,000 = 30$

根据计算结果量取 40%乙烯利原液 30 毫升,加水到 6 000毫升,搅拌均匀即可使用。

三、常用浓度表示方法

(1)百分比浓度　是指药液中有效成分的重量百分数。如 50%矮壮素粉剂,即指这种规格的粉剂中有效成分的重量含量为 50%。

(2)百万分比浓度(ppm)　是指其中含有效成分的重量为药液总重量的百万分之几。如 1ppm,表示百万分之一,即 1ppm=0.000 1%=1 毫克/升。如 20ppm,即为 100 万份药液中有效成分为20份即0.002%,以此推算。如0.1%即等于1 000ppm,0.5%即等于5 000ppm。

(3)倍数法 是指某种药液的稀释倍数。如50%乙烯利粉剂500倍液,即指这种粉剂1份加稀释液(一般为水)后成为500份液。

在稀释倍数时,要注意2点。

一是稀释倍数在100以内,药液本身的1份要减去。二是稀释倍数在100倍以上,药液本身所占的1份就不必减去了。

例如:1%的防落素稀释20倍液,即是1份1%防落素加水19份。如50%比久粉剂稀释1 000倍液,即是1份50%比久药剂加水1 000份。

第六章　彩色花生地膜覆盖高产栽培技术要点

第一节　地膜覆盖栽培的增产效果与机制

一、增产效果

地膜覆盖栽培技术1978年引入我国，1979年在花生栽培上进行应用，成为花生高产栽培上的一项突破性技术。20世纪90年代以后，地膜覆盖栽培技术在我国花生生产上大面积推广应用。实践证明，应用花生地膜覆盖栽培技术可获得高产、稳产，增产率在30％以上；同时，地膜覆盖栽培还提高了花生的品质，表现在油分和蛋白质含量增加，油酸与亚油酸比值增大，氨基酸含量提高等。花生覆膜栽培后生理代谢活动加强，生育进程加快，提前进入结实期，饱果期的时间得到相对延长，从而使花生的饱果率、出仁率相对增高，商品率和商品价值、经济效益也随之提高。

二、增产机制

1. 增加土壤温度，缩短了生育进程　地膜透光率一般在80％以上，太阳辐射热能透过地膜传导到土壤中后，被土壤吸收转化为热能，提高了地温。同时由于地膜的不透气性阻隔，减少了土壤水分蒸发引起的热量损失，从而起到了保温作用，使土壤温度显著高于露地栽培。据测定，花生生长发育前期，

0～5厘米土层日均地温比露地栽培的高2.5℃～4.2℃，生育中后期高0.6℃～1.1℃，全生育期平均增高1.4℃～2.9℃，春播花生地膜覆盖全生育期土壤耕层日平均温度比露地提高2℃～4℃；夏播花生地膜覆盖全生育期土壤耕层日均温度增加0.4℃～1.3℃。总活动积温比露地栽培的增加195℃～370℃。覆膜的增温作用，提前了花生生长发育期对温度的要求，使春花生的播种期提前7～15天，比露地栽培出苗期提前5～8天，保证了春花生苗期的正常发育，充分利用了生长季节和光能资源；对夏播花生来说，主要是增加了夏播花生全生育期的积温，有效解决了夏播花生由于播种晚导致的生育期短，积温不足影响其产量提高的关键性问题。促进了生长发育，缩短了生育进程，全生育期缩短7～10天。

2. 保墒提墒，增强抗旱耐涝能力 由于地膜的不透气性，切断了水分与大气的通道，阻止了土壤水分的垂直蒸发，使水分只能在膜内循环，不能散失。因而水分能较长时间地贮存于土壤中，从而有效地起到了保湿、保墒、抗旱作用，大大提高了花生对土壤中水分的有效利用。据对春花生覆膜后0～50厘米土壤含水量进行测定，干旱时期覆膜（处理）土壤含水量稳定在14%～17.2%，比对照提高2.4%～3.5%；雨后覆膜花生土壤含水量保持在16.3%～19%，比对照含水量低1.6%～2.4%。这说明当天气干旱无雨时，地膜起到了保墒、抗旱作用。在发生雨涝的情况下，雨水又从膜外流走，在一定程度上起到防涝作用。

3. 保持了土壤松暄的生育条件 地膜能承受速度为每秒9米的雨点的冲击力，地膜覆盖保护了结实层土壤的松暄，使其不受雨水的直接冲击，使土壤保持疏松，透气良好。使花生田在全生育期内处于松暄状态，从而改善了土壤物理性状，有利于根系发育，果针入土和荚果膨大，为获得高产奠定了良好基础。

4. 增加了有益微生物数量，提高土壤供肥能力 地膜覆盖能均衡地调节土壤中水、肥、气、热等状态，促进土壤中微生物生长繁殖，提高了微生物活性，加速了土壤中营养物质的分解和转化，从而提高了土壤中有效养分的含量，有利于花生根系对养分的直接吸收，满足了花生对营养的需求量，促进了花生生长，增加了产量。

5. 改善田间小气候，提高花生群体的光合产物 花生覆膜后，地膜对阳光辐射的反射能力增加了花生株、行间的光照，增加了花生田近地层光照强度，提高了花生群体植株的光合效率，光照群体面积大、光合势强，植物光合产量比露地栽培条件下的显著提高。从而提高了花生群体的光能利用率。

6. 控制无效果针入土，提高荚果饱满度 花生地膜覆盖栽培，能有效地抑制高节位的无效果针入土，减少单株无效结实率，减少无效果针和幼果入土对营养成分的消耗，提高饱果率。

第二节 地膜覆盖栽培技术要点

花生地膜覆盖栽培可分为春播地膜覆盖栽培和夏播地膜覆盖栽培。

一、选用适宜地膜

1. 透光性好 要求无色透明，透光率≥80％。透光率越高，增温效果越好。

2. 厚度适宜 厚度以0.003～0.015毫米为宜，厚度超过0.018毫米的膜，花生果针难以穿透。

3. 宽度适宜 要求垄多宽，膜多宽。春花生垄宽以85～90厘米为宜，夏播花生以80厘米为宜。

4. 物理强度高 花生地膜是全生育期覆盖，应选用物理强度高、覆盖期间耐老化的地膜。要求地膜断裂伸长率（纵/横）不小于100%，拉伸强度（纵/横）不小于100千克/平方厘米，直角撕裂强度不小于30千克/平方厘米。

5. 展铺性好 在进行人工或机械覆膜时不破裂、不粘卷，也不会因静电作用而卷边和粘手，膜与垄面贴实无褶皱。

二、精细耕耙整地

花生地膜覆盖栽培应选用3年内没有种过花生，土层深厚、排灌良好、蓄水保肥力强、土壤肥力较高的壤土地，精细整地是地膜覆盖栽培高产的基础。覆膜花生生育期间不揭膜，也不中耕除草，因此整地要格外细致，达到地面平整，表土疏松。春花生在前茬作物收获后及时进行冬季深耕，耕深30～35厘米，早春施入基肥后浅耕翻15～25厘米，耕后精细耙平保墒。达到土壤细碎，地面平整，无根茬，以便盖膜时膜与土壤充分接触，提高覆膜的质量及覆膜的效果。

三、配方施足基肥

地膜覆盖栽培改善了花生生长的环境条件，使花生在较优越的环境中生长发育，植株比露地栽培高大，生长势增强、发育快、根系发达、吸肥量增大，产量高，需要的养分多。同时由于中途不揭膜，覆膜花生生育期内不便追施肥料，所以要一次性施足基肥。由于花生吸肥能力在开花下针期以前最为活跃，氮、磷、钾的吸收高峰均出现在开花下针期。肥料施用后，必须经过一段粪土相融过程，才能被花生吸收，花生吸收养分的根群在结实层以下 10～30 厘米，施肥要深施和匀施，有机肥应在播前耕地时施入。施肥的数量应根据土壤肥力和产量水平等情况来确定。进行耕前测土，按需配方，科学施肥。无测土条件时，每 667 平方米要求产量达到 500 千克以上的地块，应按每 667 平方米施有机肥 5 000 千克，尿素 10～20 千克，过磷酸钙 50～100 千克，钾肥 15～25 千克。有机肥要在冬季深耕时或早春耕翻时施入，最后 1 次耕耙时施尿素、过磷酸钙、钾肥，并适量补施微肥。基肥要均匀，最好先撒施再整地做垄。花生需要大量的钙素，每 667 平方米宜用石灰或石膏 25～30 千克，以作种肥穴施。

四、按标准起垄备播

在精耕细耙的基础上，于播种前适时起垄备播。起垄标准要求如下。

1. 地墒足 墒情充足是地膜覆盖栽培成功的关键。因此，盖膜前起垄时要有墒抢墒，无墒造墒，切不可无底墒起垄。无浇水条件的地块，要有墒抢墒，早起垄早盖膜；有浇水条件的地块，遇旱适时喷灌或开沟浇水闷墒，耙平耢细，起垄盖膜。

2. 垄体矮 垄的高度以 15～20 厘米为宜。过高，不仅垄面不易保宽，而且盖膜时垄坡下边盖不严、压不紧，膜易被风刮起；起垄过低，既不利于排涝，又易被多余的膜糊死垄沟，影响水分下渗。

3. 垄底宽 垄底宽度因地力、品种、密度和地膜的宽度而异。一般中等肥力地块种彩色花生系列中的粉玉、雪宝和红豆等早熟中小果型花生品种，垄底宽为 80～85 厘米；高肥力的地块种彩色花生系列中的彩纹、墨香、圣洁、棕玉、紫玉等中熟大、中果型花生品种，垄底宽 85～90 厘米。垄底过宽或过窄，都会既影响花生种植密度，又因与地膜规格不对称而影响盖膜质量。

4. 垄坡陡 要改梯形坡为矩形坡。起垄后盖膜前，用锨按垄面宽度将垄沟上下切齐，使垄坡接近垂直呈矩形，这样盖膜时，膜与垄面贴得紧、压得实，同时也避免了梯形坡梁模糊垄沟的弊端。切垄边时，应严格按垄面规格，切大了，行距增大，影响花生小行距和结实范围；切小了影响垄沟宽度，田间管理困难。

5. 垄面平 起垄要将垄面整平压实，确保无土块、无石块，以利于盖膜，使膜面与垄面贴紧落实，防止刮风毁膜。

五、确保排灌畅通

结合起垄做畦，搞好沟垄配套，使花生盖膜田沟垄相通，垄沟相连，排灌畅通。遇旱能浇，遇涝能排，能及时排除地面积水，防止“半边涝”。

足墒播种。花生覆盖地膜前，土壤墒情必须含有能确保花生发芽的水分。土壤最大持水量以 60％左右为宜，即掌握“捏土成团、落地散开”为度。土壤墒情对地膜覆盖花生出苗整齐度影响很大，一定要足墒下种。当土壤温度稳定通过 13℃时，即可播种。播种过早，虽覆膜后平均温度升高，可以发芽出苗，但出苗后膜内外温差较大，幼苗不能正常生长；播种过晚，花生生育期缩短，也不能充分发挥地膜覆盖栽培的增产作用。

六、种子准备与处理

选用发芽势 80％以上、发芽率 98％以上，经过粒选分级的一二级、生活力强的种子作种;种子经浸种催芽和药剂拌种处理。

浸种催芽的方法很多,可以因地制宜选用。为防金龟子、金针虫和蚜虫等苗期害虫侵害,播前催芽的种子要用甲胺磷拌种。枯萎病较严重的地区,要以种子量0.2%～0.4%的多菌灵拌种。

七、适期播种

严格播种质量。播种适期:春播花生播种前5天内5厘米日平均地温≥15℃,即为露地播种适期。盖膜后5厘米地温比露地高2.5℃,因此播前5天内5厘米地温达13℃时,即为盖膜播种适期。提高播种质量:不论是先盖膜后播种还是先播种后盖膜,都要按密度规格开沟或打孔播种。

八、科学合理密植

种植密度和规格是地膜覆盖栽培高产、稳产的重要技术措施。实验和实践认为,适宜的栽培密度和规格是:彩色花生系列粉玉、雪宝、红豆等早熟中小果型花生品种,每667平方米以10 000～12 500穴为宜,垄宽80～85厘米,垄沟30厘米,垄面宽50厘米,垄面种双行花生,小行距30厘米,大行距50厘米,平均行距40厘米,穴距13～17厘米。彩色花生系列彩纹、墨香、圣洁、棕玉、紫玉等中熟大、中果型品种,以每667平方米7 500～9 500穴为宜,垄宽85～90厘米,垄沟宽30厘米,垄面宽55～60厘米,平均行距42～45厘米,穴距17～20厘米。

九、安全防除杂草

花生地膜覆盖栽培，由于不能进行正常的中耕除草，因此播种后盖膜前必须喷施芽前除草剂，否则杂草滋生，将严重破坏盖膜效果。每 667 平方米可用拉索 100～150 毫升，或乙草胺 50～75 毫升，或都尔 125～150 毫升，对水 50～60 升，在盖膜前喷施于土表。亦可用精稳杀得、盖草能等除草剂。选用除草剂时，一要品种对路，二要剂量准确，这样才能做到安全、经济、有效。喷施除草剂时应退着喷，以免践踏已喷过药的垄帮，影响除草效果。喷洒除草剂后应立即覆膜。

十、确保覆膜质量

花生地膜覆盖有 2 种方式：一种是先盖膜后打孔播种，另一种是先播种后盖膜。这 2 种方式各有各的优点，可因地制宜地加以应用。

先盖膜后打孔播种，对播前保自然墒和提高地温以及防止闪苗效果好，但在花生出苗期间保温效果差，早播种出苗慢，适宜在无霜期短的旱地春花生和夏直播花生种植时应用。第二种方式，优点是播种盖膜一体化、省工，花生出苗期间保温效果好，出苗较快；缺点是有时开沟播种深浅不一致，出苗不齐，多次开孔放苗费工，晚播的春花生和夏直播花生开孔放苗，易闪苗，除盖膜播种晚的春花生和夏直播花生不宜采用外，适时早播的花生均可采用。

盖膜应做到对正、拉紧、铺平、贴实及压严。人工盖膜，趁垄土足墒，喷上适宜浓度的除草剂，再盖膜。覆膜时应以 3 人一组，一人骑垄滚膜卷，放膜时要轻，伸手对正、拉直、拉紧，两人用铁锹将垄面边缘土切成角，压膜边。做到膜面平整，使地膜紧贴垄面无褶皱，一定要盖平盖严。膜边贴坡压牢，四周封平压牢不透风，防止日晒鼓泡、刮大风时将膜吹翻或扯破。先播种后盖膜的，每隔 3～5 米，在畦面上横压一道土埂，以防风、护膜，花生出苗后再把土埂扫掉。有条件的也可采用机械盖膜，既能提高盖膜效率，又能确保盖膜质量，是地膜覆盖栽培技术的发展方向。各地可推广使用当地定型的地膜覆盖机具。

十一、加强田间管理

花生播种后要经常查田护膜，做到细致检查，如发现因风刮揭膜，或者因为垄面薄膜覆盖封闭不严及破损，要及时盖严压实，保证增温保墒效果。当花生出苗顶土时，要及时开膜放苗。开孔后随即在膜孔上盖一把湿土，轻轻压一下，以引苗出土，防止窝苗。幼苗出土后如发现苗被压在薄膜底下，应及时将这些植株引到孔外，以防烧苗。地膜覆盖花生生长的中后期，应根据植株长势进行叶面追肥。如果天旱缺水，应根据土壤水分状况，适时进行灌溉。

薄膜覆盖栽培花生的其他化学调控、防病等田间管理措施同露地栽培。

第七章 花生病、虫、草害的识别与防治技术

第一节 花生病害的识别与防治技术

一、花生冠腐病

分布区域 在各花生栽培区均有发生。

危害及寄主作物 除危害花生外，还可危害大葱、棉铃及苹果、桃、梨、柑橘等果实。

发病症状 生活力较弱的种子在出土前即可受侵染而腐烂。受感染的幼苗和植株，最初表现为失水状态，先失去光泽，随后叶缘微卷，植株枯萎。冠部感染后，最初在表皮呈水浸状褐色斑，很快长满松软的黑色霉层，即病菌的分生孢子梗和分生孢子。病斑迅速扩大，根茎部腐烂，表皮破裂，露出丝状维管束。病株拔起时易断，断口在茎冠部分。

侵染途径、发病条件及规律 种子本身带菌，在土壤中也广泛存在该病的病菌。高温、多湿地块及耕作粗放、长年连作地块发病重。种子质量差、幼苗弱也易感病。蔓生种花生较直生种抗病。

防治方法 ①轮作换茬。②播前药剂浸种、拌种。③选用饱满、健壮种子，播前晒种，采用精细整地、适时播种等措施培育壮苗，均能有效地控制病害发生。

二、花生茎腐病

分布区域　在各花生栽培区均有发生。

危害及寄主作物　除危害花生外，还可侵染棉花、甘薯、赤豆、绿豆和柑橘等多种作物。

发病症状　苗期茎基部先长出黄褐色水渍状斑，逐渐向四周发展，最后呈黑褐色，组织腐烂，表皮破裂，潮湿时病部密生小黑点，即病菌的分生孢子，而地上部则逐渐枯萎。干燥情况下，病组织表皮干燥无光泽，干瘪状，纵向凹陷，紧贴茎组织，揭开表皮内部呈纤维状，拔起病株时常从茎基处断裂。

成株期地上部的主茎和侧茎感病，初期生黄褐色水浸状斑，逐渐向上下扩展，造成茎部黑褐色枯死斑，主、侧枝陆续枯死，病部密生小黑点。有时病部以上部分枝条枯死，病部以下仍存活，但最终仍向下发展致全株枯死。

侵染途径、发病条件及规律　茎腐病主要以种子带菌为主，病菌以菌丝在种子上，或以菌丝和分生孢子器在病残株中越冬。在土壤中能存活多年，雨水、风、耕作工具和混有病残株的土杂肥等均能传病。收获后未能充分晒干就堆放时，种子带病率高，致使第二年苗期发病重。土壤湿度变化剧烈，或气候干旱，土表温度高，植株易受烧伤，病菌容易侵入，发病重，因此沙土、红壤土地发病相对重些。早播病重，连作地发病重。栽培管理好、土质好的发病轻。不同品种抗病性能有明显差异。

防治方法　①及时收获，贮藏前要充分晒干，严防贮藏时因潮湿霉变。②合理轮作换茬，加强栽培管理，深耕深翻，清沟排水，增强植株抗病力。③播前晒种、选种，不用霉变、质量差的种子，做好种子消毒，用50％多菌灵可湿性粉剂按种子量0.3%～0.5%进行药剂拌种，或用0.5%～1%多菌灵浸种。

三、花生根腐病

分布区域 在各花生栽培区均有发生。

危害及寄主作物 寄主范围极广。

发病症状 主要危害花生根部，初期根部有褐色水浸状病斑，此后全根腐烂变黑，无侧根或侧根很少，呈“鼠尾状”，地上部分叶色发黄，生长矮小，叶片常合拢不张开，以后叶柄下垂，渐趋枯萎，以至死亡。天气潮湿时在病部上面靠近地面处又长出新的不定根，以维持生命，但植株生长不良，结果很少。

侵染途径、发病条件及规律 病菌在土壤及病残株和种子上越冬成为第二年的初侵染源。田间主要以孢子靠气流、风雨、昆虫等传播。条件适宜时，分生孢子萌发产生芽管，从根茎部伤口或根的尖端直接侵入，引起植株发病，导致植株枯萎死亡。土壤黏重、排水不良田发病重。

防治方法 ①加强栽培管理。合理轮作，深翻土地，清沟排水。②播前晒种，严格选种。③用50%多菌灵可湿性粉剂按种子量0.3%～0.5%进行药剂拌种。或用0.5%～1%多菌灵溶液浸种24小时。④发病初期用50%多菌灵可湿性粉剂1000倍液全田喷雾。

四、花生青枯病

分布区域 在各花生栽培区均有发生。

危害及寄主作物 寄主范围很广。

发病症状 一般在开花期开始发生，开花结荚时发病最严重。地上部分，顶梢第二片叶在中午首先呈现凋萎，早、晚尚能恢复，逐渐加重至不能恢复，在几天之内，全株叶片急剧凋萎下垂，呈青枯状。从发病至植株枯死一般10天左右。发病初期，病株根茎部外表完好，但主根尖端首先发生腐烂变褐，病株拔起常连主根一起拔出，以后逐渐向上发展，最后全根腐烂。

侵染途径、发病条件及规律 病原细菌在土壤中越冬，在土中能存活5～8年，为侵染的主要来源。病土、流水、农具、带病菌的土杂肥等均能传病。病菌从花生根部的伤口，或气孔、水孔侵入，中耕除草伤根后易促使发病。病菌不耐旱，不耐水淹，病菌发育的适宜温度为34℃，土壤5厘米处地温稳定在25℃以上即可发病。高温多湿有利于病菌繁殖传播，久旱后多雨发病重。粗沙地发病最重，泥质地发病最少，新垦地、土质好的农田和水田发病轻。与水稻轮作发病轻或不发病。连作地发病重。品种间抗病性有差异，蔓生品种较直生品种抗病。

防治方法 ①选用抗病品种，与禾谷类、甘薯、水稻等作物合理轮作效果好。②彻底清除田间病残株，改良土壤、增施有机肥和磷、钾肥，促使植株生长健壮，增强抵抗力。③对其前作或花生种植前进行泡水漫灌，造成土壤中的厌气条件，可明显减轻病害。

五、花生白绢病

分布区域 在各花生栽培区均有发生。

危害及寄主作物 除危害花生外，还危害其他豆科作物和茄果类蔬菜、向日葵、芝麻、芋头、小麦等大多数植物。

发病症状 危害根及茎基部，也危害果柄。苗期根部发病后，根上长满白色菌丝，幼株萎蔫发黄、枯死。成株期初发病时，近地面的茎部变褐色，随后病部长出白色绢丝状菌丝，覆盖病部，并在茂盛的菌丝中形成菌核。菌核初为白色，继而逐渐变黄、变褐，大小和形状似油菜籽。被害部软腐、表皮脱落，呈纤维状，植株也随之萎蔫，最后死亡。高温多湿条件下，菌丝如蛛网状分布于茎基、地面和杂草上，遇强烈阳光菌丝常消失。

侵染途径、发病条件及规律 侵染来源是遗留在土壤中的菌核及病残体上的菌核和菌丝。病菌在土壤中能存活4～5年，带病种壳和肥料可传播病害，并可借流水、雨水、昆虫等传播。伤口有利于病菌侵入。一般于收获期之前发病最盛。高温、多雨、土质黏重、排水不良、植株生长过于茂密，以致田间小气候湿度过大时发病重。连作地发病重。直生品种比蔓生品种发病轻。

防治方法 ①水旱轮作或与禾本科作物合理轮作3～4年。②选用抗病品种。合理密植，及时清除病残株，加强防治地下害虫，不让花生根部受伤。③加强田间管理，深翻土地，精细整地，每667平方米撒施石灰粉10千克作基肥。清沟排渍，不在低洼地和土壤黏结、排水不良的地块种花生。④用广谱杀菌剂溶液浇灌病株茎基周围进行防治。

六、花生立枯病

分布区域 在各花生栽培区均有零星发生。

危害及寄主作物 寄主范围极其广泛。除花生外，还可危害茄果类蔬菜、十字花科蔬菜、马铃薯、松和杉等植物。

发病症状 幼苗受害后幼茎呈褐色水浸状凹陷斑。若茎部长出次生根后受侵染，则常缢缩变细，有时次生根亦有同样症状。据测报，病株自土中拔起时可见蛛丝状菌丝与土粒黏在一起。7～8月份高湿条件下，植株生长郁闭的田间，常见到植株茎部叶片上有蛛网状的菌丝向上攀缠，使叶片呈黄色湿腐状，渐脱落，严重时仅剩顶部叶片。同时，主茎和侧枝出现灰白色云纹状斑，边缘褐色，病斑围绕茎周时，植株即枯死。茎秆受侵后呈褐色或黑褐色腐烂状。

侵染途径、发病条件及规律　病菌以菌丝和菌核在土中及病残株中越冬。病菌广泛分布于土壤中，遇生长衰弱的寄主时即可侵染。病菌生长最适温度为25℃～29℃，但常常在15℃～22℃造成严重损失。低温多雨、低洼积水等条件下发病也重。

防治方法　①及时收获，贮藏前要充分晒干，严防贮藏时因潮湿霉变。②合理轮作换茬，加强栽培管理，深耕深翻，清沟排水，增强植株抗病力。③播前晒种、选种，不用霉变、质量差的种子，做好种子消毒，用50％多菌灵可湿性粉剂按种子量0.3％～0.5％进行药剂拌种。或用0.5％～1％多菌灵溶液浸种。

七、花生病毒病

花生病毒病的病毒类型主要有花叶型病毒、丛枝型病毒、卷叶型病毒、丛矮型病毒和斑驳型病毒等，发病率及病毒类型还在逐年增多。

分布区域　花叶病毒以北方栽培区发病较多，南方有零星分布。丛枝病毒以南方栽培区较普遍，中北部地区较少，其他病毒各地发生较少。

危害及寄主作物　除危害花生外，尚未确定能否危害其他作物，可疑寄主植物较多，但以豆科植物为主。

发病症状　花叶型病毒叶片呈浓淡相间的花叶症状。发病后首先在顶部叶片产生不定形绿色斑块，或呈现浅色条纹，以后绿色斑块消失，叶片淡黄绿色、硬脆、窄长，叶缘向上微卷，也有的叶片呈现皱缩症状。植株紧缩矮小，分枝短，整个植株呈团形，开花少。高湿多雨时症状隐蔽。荚果受害后变小变硬，果壳粗糙，畸形，种仁小，表皮皱缩呈红褐色，带苦味。斑驳型病毒病侵染的植株，全株叶片轻微皱缩，呈明显斑驳状。花生卷叶病毒病发病植株生长基本正常，叶色稍浅，全株叶片向上卷曲。

花生丛矮病毒病发病后，植株全株矮小丛生，叶片缩小，略有花叶症状，叶梢发黄。丛枝病毒发病后，最显著的症状是从叶腋处长出许多小叶丛生的枝条，使全株呈丛枝状，茎部节间缩短，全株矮化和不孕，花器变态呈叶片状，并作辐射状排列。病株发生丛枝病毒病时，正常的叶片便逐渐黄化、脱落，仅留下小叶丛生的枝条。感染较轻、较迟时，子房柄下生，但入土后随病害发展，许多子房柄反向上长，变成“秤钩”状，有时从“秤钩”处还会长出肥短缺绿像豆芽一样的丛枝。发病严重时，子房从花萼柄侧突出上生，变为绿色。病株根系发育较差，幼根及根毛少，天旱时容易枯死。病株所结的果荚厚，种仁不充实，皮厚而皱，表面有红褐色突起的导管，生吃味苦。

侵染途径、发病条件及规律　花叶病毒病原尚待进一步研究。种子可以传毒，虫媒问题尚待进一步试验确定。初步看来低温时常引起病害暴发。一般春花生比麦套花生病重；春播愈早，发病愈重；种子质量好，生长健壮的植株发病轻；水田花生比旱地花生轻；沙土地发病重；肥地比瘠薄地发生轻。品种间抗性有显著差异。丛枝病毒由类菌质体传染致病。据广东省试验，这种类菌质体可通过嫁接传染，不能通过汁液摩擦和花生蚜虫传染，种子和土壤不带病毒，传染媒介尚待研究，但据观察，叶蝉流行后该病病情加重。在畦边的植株发病率高，干旱年份发病严重，特别是久旱遇雨或灌溉后发病严重。高地比低地、坡地比平地、沙土比黏土、旱田比水田发病率高。田间作物，特别是豆科作物种类复杂的地方发病率高。直生型花生较蔓生型抗病。

防治方法 ①选用抗病品种，严格淘汰病种。②加强栽培管理，适时播种，培育壮苗，增强植株抗病力。清除田间杂草，拔除病株。避免邻近地块同时种植多种类豆科作物。③及时防治蚜虫、叶蝉和蓟马等害虫。

八、花生灰霉病

分布区域 主要分布在广东省等南方栽培区。

危害及寄主作物 寄主范围广，除危害花生外，还能危害甘薯、向日葵、莴苣、茄子、烟草和桑等多种作物。

发病症状 茎、叶、荚果均能发病。发病情况为顶叶下第二和第三个托叶发病普遍，心叶、茎部先呈水浸状，以后迅速腐烂，病部表面长出灰色霉层，即病菌的分生孢子梗和分生孢子，最后整株死亡。

侵染途径、发病条件及规律 病菌以菌核在土壤中病残体内越冬，生长季节以分生孢子借气流和水滴传播，孢子萌发产生芽管，从伤口侵入寄主。分生孢子生长最适宜温度为15℃～20℃，15℃时植株受侵染最严重。低温、阴雨有利于此病发生，沙质土壤发病重，施用钾肥后发病较轻。品种抗病性有差异。

防治方法 ①选用抗病品种。②增施磷钾肥，清沟排水。③发病期可喷50％多菌灵可湿性粉剂或50％托布津可湿性粉剂1 000倍液，或1∶2∶200波尔多液防治。

九、花生褐斑病和黑斑病

分布区域 各花生栽培区均有发生。

危害及寄主作物 花生上最普遍且危害相当严重的叶部病害。两种病原菌都仅危害花生。

发病症状 两种病害都危害花生叶片、叶柄及茎部。褐斑病发病较早，一般在初花期开始发病。初期在叶片正面发生失绿的灰色小点，很快扩大，致中央组织坏死。病斑呈不规则圆形，棕色至暗褐色，病斑边缘正面呈橘红色，反面较浅，呈浅褐色，初期就有明显的黄色晕圈。叶柄和茎部病斑呈长椭圆形，暗褐色。黑斑病发病较晚，一般在盛花期开始发病。初期叶面上生锈色小斑点，病斑渐渐扩大为圆形，颜色较褐斑病为深，正反面均为深褐色或黑色，有轮纹，上生黑霉状物，即为病原菌的分生孢子梗和分生孢子。初生病斑无晕圈，但老病斑的正面也略有黄色晕圈。

侵染途径、发病条件及规律 病菌主要以分生孢子座及分生孢子在病残茎叶中越冬，黑斑病菌尚能以子囊阶段在枯枝、叶上越冬，分生孢子亦可附着于种子，尤其是在种壳上越冬。生长期则以分生孢子借风雨或昆虫传播重复侵染。病菌发育最适宜温度为25℃～28℃。夏秋高温多雨有利于病菌的繁殖和传播，特别是7～8月间多雨时期发病较重。褐斑病菌对温度的适应幅度较大，且较黑斑病菌能耐低温，因此褐斑病发生往往较黑斑病早。生长衰老、分枝稀少、通风透光的植株一般产生黑斑；植株底部少见阳光、柔嫩多汁的叶片及肥料充足、枝叶茂盛、叶身浓绿肥厚的叶片褐斑病多。褐斑病和黑斑病在高温、高湿条件下，发生严重，高温多雨的7～8月份是防治叶斑病的重点时期。品种间抗病性有差异，直生型较抗病。

防治方法 ①合理轮作换茬。清除病残株叶，深翻土地。②用无病种子，并进行种子处理。可用1.5％硫酸铜浸种1小时，或用40％甲醛400倍液浸种4小时，浸种后均用清水洗净。③发病初期可喷洒1∶1∶200波尔多液，或1％硫酸亚铁石灰溶液，或50％多菌灵可湿性粉剂1000倍液，或70％代森锰锌可湿性粉剂800倍液，或80％代森锌可湿性粉剂600倍液，或75％百菌清可湿性粉剂600～800倍液进行防治，间隔7～10天，防治2～3次。

十、花生灰斑病、轮斑病和炭疽病

分布区域 花生灰斑病在各花生栽培区均有发生。花生轮斑病在河南、山东、湖北等省有零星发生。花生炭疽病在吉林省和广西壮族自治区有发生。

发病症状 花生灰斑病在叶片上病斑近圆形、不规则形，初为紫红色，随中心逐渐变浅呈淡红褐色，最后中央变为灰白色，上生小黑点，即病原菌分生孢子器，病斑中心常破裂。

轮斑病 在叶上常靠近叶缘形成黑褐色轮纹斑，有的病斑轮纹粗，有的病斑轮纹很细、很密，上生黑色霉层，即病菌的分生孢子梗和分生孢子。

炭疽病 叶片病斑多沿主脉扩展，呈不规则形，上密生小黑点，即病原菌的分生孢子盘。

侵染途径、发病条件及规律 病菌主要以分生孢子器在染病残株病残体的叶上越冬，以分生孢子进行传播。湿度大有利于病害发展，高温多雨的7～8月份是防治叶斑病的重点时期。

防治方法 ①合理轮作换茬。清除病残株叶，深翻土地。②选用无病种子，并进行种子处理。可用1.5％硫酸铜溶液浸种1小时，或用40%甲醛400倍液浸种4小时，浸种后均用清水洗净。③发病初期可喷洒1：1：200波尔多液，或1%硫酸亚铁石灰溶液，或50%多菌灵可湿性粉剂1 000倍液，或70%代森锰锌可湿性粉剂800倍液，或80%代森锌可湿性粉剂600倍液，或75%百菌清可湿性粉剂600～800倍液进行防治，间隔7～10天，防治2～3次。

十一、花生枯斑病

分布区域　各花生栽培区均有不同程度发生。

危害及寄主作物　仅危害花生属植物。

发病症状　常自下部叶片的叶尖开始发病。起初病斑呈褪绿症状，逐渐变黄、变褐，由叶尖或叶缘呈楔形向叶柄发展。边缘常为深褐色，周围有黄色晕圈，早期病部逐渐枯死，呈灰褐色，其上生很多小黑点，即病菌的子囊果。叶上亦可出现胡麻斑症状，叶片上生许多暗褐色不规则形或圆形小斑。近收获期在多雨、多露情况下，病害急速发展，病斑呈黑色水浸状，圆形或不规则形，病斑迅速扩展，很快全叶腐烂，后期感染此病后，叶片上布满黑点(子囊果)。茎、果柄变褐，也生小黑点，荚果上生一块块黑斑，内也有小黑点。

侵染途径、发病条件及规律　病菌以菌丝及子囊果在病残株叶中越冬。病菌生长最适宜温度为28℃，子囊孢子在25℃～28℃的水中2小时发芽，高湿有利于病菌侵染和发展。植株生长衰弱时易发病。

防治方法　①加强栽培管理，培植健壮植株生长，增强抵抗力。②清除病残株叶，深耕深翻。③用无病种子，并进行种子处理。可用1.5%硫酸铜溶液浸种1小时，或用40%甲醛400倍液浸种4小时，浸种后用清水洗净。④发病初期可喷洒1∶1∶200 波尔多液，或1%硫酸亚铁石灰溶液，或50%多菌灵可湿性粉剂1000倍液，或70%代森锰锌可湿性粉剂800倍液，或80%代森锌可湿性粉剂600倍液，或75%百菌清可湿性粉剂600～800倍液进行防治，间隔7～10天，防治2～3次。

十二、花生锈病

分布区域　该病在各花生栽培区均有不同程度发生，尤其在南方栽培区发病较重。

危害及寄主作物　仅危害花生。

发病症状　花生的叶、叶柄、托叶、茎、果柄和荚均可受害。病害由下部叶片逐渐向上部叶片发展。首先在叶背出现针尖大小的白斑，以后叶背病斑变淡黄色，圆形，逐渐隆起变褐，表皮破裂，散生锈褐色粉末，即为病菌的夏孢子堆和夏孢子。叶正面初为黄色小点，以后逐渐发展为黄色，接着变为褐色的斑，周围有不明显而又窄的黄色晕圈，最后叶正面亦生孢子堆，但比叶背的小。随孢子堆增多，叶色变黄，最后干枯脱落，全株枯死，严重时植株成片枯死，远望如火烧状。托叶上夏孢子堆较叶片上大，叶柄、茎、果柄上夏孢子堆呈椭圆形，荚果上孢子堆呈圆形或椭圆形。

侵染途径、发病条件及规律　以夏孢子侵染循环，国内尚未发现冬孢子阶段。广东等南方各省初侵染源有本地菌源及外来菌源，北方各栽培区的初侵染源主要来自南方。一年四季不同播种期上的花生锈病可辗转传播。夏孢子发芽最适温度为20℃。雨水多，相对湿度高，发病重。过度密植，植株生长太繁茂，以致田间过于郁闭、通风以及排水不良等原因，使田间湿度过大，均易导致锈病严重危害。一般连作田发病重，水田比旱田发病重，增施磷钾肥发病轻。品种间的抗病性也有差异。

防治方法 ①种植抗病品种。收获后及时处理病残株。②深翻土地，改良土壤、增施土杂肥和磷、钾、钙肥，高畦深沟，清沟排水，可提高植株抗病力。③发病初期用1∶2∶200波尔多液，或95％敌磺钠可溶性粉剂对水适量，或75％百菌清可湿性粉剂600倍液，或25％粉锈宁可湿性粉剂500倍液全田喷药防治。

十三、花生紫纹羽病

分布区域 在各花生栽培区有零星发生。

危害及寄主作物 除花生外，尚能寄生于大豆、甜菜、棉花、马铃薯、甘薯、葡萄、茶、桑、苹果、梨、桃等多种作物和树木根部。

发病症状 病菌侵染后病株生长衰弱，叶片黄萎、枯落，检查根部时，可见幼根变黄褐色，以后变黑、腐朽，主根皮层软化腐败，外面覆有厚的紫褐色网状菌丝束，容易脱落。荚上亦覆盖紫色菌丝层，其上着生有无数小菌核。

侵染途径、发病条件及规律 病菌以菌丝体、根状菌索或菌核在土壤和病残株上越冬，可在土壤中生存多年，遇适合环境，产生营养菌丝侵入植株根部。土壤湿重、排水不良田发生多。

防治方法 ①与禾本科作物轮作3～5年。②加强栽培管理，注意清沟排水。

十四、花生纹枯病

分布区域 在各花生栽培区均有发生。

危害及寄主作物　寄主范围甚广。

发病症状　发病初期，在下部叶片上出现水浸状暗绿色斑，病斑不断扩展，可形成云纹状斑，菌丝常把附近叶片粘叠在一起。天气干燥时，病害扩展慢，病斑呈浅黄色，边缘褐色。田间湿度大时病害扩展很快，并向上部叶片蔓延，下部叶片以后腐烂脱落，并在叶上长满白色菌丝，菌丝渐结成白色菌核，后菌核逐渐变黄，最后呈褐色。发病严重时茎枝均软腐，引起倒伏。

侵染途径、发病条件及规律　病菌以菌丝及菌核在病残株及土壤中越冬，第二年菌核形成菌丝由气孔或水孔侵入植株，田间病菌以菌丝通过健株与病株叶的相互接触而进行传播。纹枯病菌发育适温为28℃～32℃，湿度大有利于病菌侵染和扩展，因此雨水多或有重露时，发病重。栽培过密、植株生长过旺，田间小气候湿度大，发病也重。水田排水不良田比旱田发病重。

防治方法　①合理轮作换茬，实行高畦栽培，避免播种过密，加强栽培管理，注意及时排水。②用40单位的井冈霉素，或用多菌灵、甲基托布津等药物防治。

十五、花生炭腐病

分布区域　在各花生栽培区有少量发生。

危害及寄主作物　寄主极广泛，能危害玉米、高粱、甘薯、大豆、芝麻、向日葵和甜瓜等多种作物。

发病症状　发病初期接近地面茎基部发生水浸状腐烂，以后变暗褐色，并扩展到分枝，导致植株萎蔫。剥开茎表皮，可见内部长满微小黑色菌核，似炭状。

侵染途径、发病条件及规律　病菌以菌丝和菌核在土壤中长期存活。植株生长不良，有伤口，或其他病菌侵入后造成的伤口均有利于此病发生。品种间抗病性有差异。

防治方法 ①加强栽培管理，适期施肥浇水，促使植株生长健壮。②及时治虫，可减轻病害发生。③可用五氯硝基苯处理土壤。

十六、花生小菌核病

分布区域 在各花生栽培区均有零星发生。

危害及寄主作物 现仅知危害花生。

发病症状 花生的叶、茎及果实均可受害。天气干旱时叶上病斑呈褐色，圆形、近圆形，微具轮纹，潮湿情况下扩大成水浸状，不规则形。茎上表面病斑初呈红褐色，渐扩大，变茶褐色至黑褐色，重者软化腐败。潮湿时病部密生灰褐色乱毛状霉层，以后病斑上生灰白色粉末，即病原菌的分生孢子梗和分生孢子。在根茎的皮层和木质部之间或荚上，形成直径1～2毫米的菌核，以后突出表皮。

侵染途径、发病条件及规律 病菌以菌核在被害植株上或在土中越冬，第二年形成分生孢子，或先生成子囊盘再生成子囊孢子进行传染。也可由菌核产生菌丝直接传染。

防治方法 ①合理轮作换茬。②及时中耕，将菌核覆入土中，防止产生子囊盘。③清除病残株，深翻土地，将菌核深埋于土中。

十七、花生菌核茎腐病

分布区域 在北方花生栽培区有零星发生。

危害及寄主作物 现仅知的寄主为花生。

发病症状 花生的叶、茎、根及荚果均可受害。茎部受害时产生水浸状病斑，病组织软化腐烂，呈褐色。潮湿时病部表面可长出白色霉层，其上产生鼠粪状菌核，初为白色，后变为黑色。菌核生于茎秆外，天气干燥时则可生于茎秆内。病部表皮最终裂成细丝，并剥落而露出白色木质部，果荚感病后荚壳变薄。

侵染途径、发病条件及规律 病菌以菌丝及菌核越冬，第二年先产生分生孢子，后生成子囊盘。菌核每年 3～7 月份及 9～10 月份产生子囊盘 2 次，盛夏时则不发生。子囊孢子由伤口侵入寄主。土壤黏重及排水不良地区此病较为严重。

防治方法 ①合理轮作换茬。②加强中耕可减少病菌繁殖。秋季深耕，可杜绝越冬病原。

十八、花生线虫病

分布区域 除西南地区外，其他花生栽培区均有零星发生，但山东省一带的为北方根结线虫，南方的为花生根结线虫。山东、河北和河南省的局部地区较严重。

危害及寄主作物 寄主范围很广，除花生外，还危害大豆、绿豆、荞麦、芋头、马铃薯、甘薯、棉花、甜瓜、烟草等作物，也危害洋槐、苍耳、白蒿等多种植物。

发病症状 根结线虫病主要是侵染花生根系，其次侵染花生荚果、果柄等入土部位。从根部侵入，使根的输导组织被破坏，影响水分和养分的正常吸收和运转。受北方根结线虫危害的花生在出苗后约半个月就萎缩不长，下部叶变黄。始花后，整株茎叶萎黄，在花生长出第二层真叶时，主根尖端出现纺锤状虫瘿，表面粗糙。以后须根也生虫瘿，虫瘿上又生小根毛，根毛上又生虫瘿，以至根系形成“须根团”，正常的根瘤很少。剖视虫瘿，可见乳白色梨形雌虫，果壳外面也有大小不等为数众多的褐色虫瘿。花生根结线虫症状类同,但虫瘿稍大些,虫瘿上小毛根不如北方根结线虫多。

侵染途径及规律 病原线虫以卵在卵囊内和幼虫在根结内随病根及病果壳在土壤或粪肥内越冬。第二年春季卵在卵囊内发育成1龄幼虫,1龄幼虫蜕皮1次后破卵而出,成为2龄侵染幼虫,并活动于土壤中,以后侵入寄主幼根内寄生。由于线虫取食和生理活动的结果,使寄主根、果柄和荚的细胞在数量和大小上均不正常地增长而形成虫瘿,在虫瘿内再蜕皮3次,发育成成虫。雌虫成熟后产卵,卵囊一般露出在根瘤外。根结线虫5月下旬至7月上旬完成第一代,需50～60天;8月中旬完成第二代,需32～46天;10月下旬完成第三代,需44～56天。1年能发生3～5代。此病可借病株、病果壳、病原污染的粪肥、土壤及流水传播。线虫一般在土中潜伏很深,沙地里33厘米以下也有发现,但以表土层分布最多,粗沙土、土层深而疏松的土壤内发病重,黏壤土发病较少。连作地、干旱缺少灌溉的地块发病重。北方伏雨季节受害植株症状有一定程度的恢复,秋旱时再现症状。根结线虫有耐长期水浸的能力,将虫瘿置于水内淹浸135天,仍具有侵染力。但是,根结线虫不抗干燥,有虫瘿的荚果、根系干燥至含水量8%～10%时,虫瘿内的线虫基本死亡。

发病条件 ①土壤温度。土壤温度11℃～12℃时,卵开始孵化,15℃时幼虫即破卵而出。幼虫侵染根系的最低土壤温度为11.3℃,最高温度为34℃,最适温度为15℃～20℃。土壤温度在12℃～19℃时,幼虫侵入需10天左右;20℃～26℃时,4～5天即能大量侵入;高于26℃时则不利于其侵入。幼虫生长发育适温为25℃～28℃,最高致死温度为45℃。②土壤湿度。幼虫侵入的最适土壤含水量为70%,土壤含水量占田间最大持水量的20%以下或90%以上均不利于线虫侵入。③土壤性质。沙土、沙壤土及透气性好、质地疏松的土壤发病重；低洼、黏性及透气性差的土壤发病轻。④栽培措施。早播花生比晚播发病重。连作较轮作发病重。老花生区较新花生区发病重。

防治方法 ①选用抗线虫品种，严格检疫；花生根结线虫是一种检疫对象。异地调种时，一定要做好种子检疫工作。同时，根结线虫寄主范围广，调运其他寄主作物时也要严格实行检疫制度。②合理轮作换茬，与禾本科作物轮作2～3年；禾本科作物不是根结线虫的寄主作物，病地可与小麦、玉米和谷子等作物轮作，能显著减少土壤内的虫口密度。轮作年限越长，虫口密度越小。③彻底清除病残根、壳，消灭病源；收花生时要深挖细收，做到病根、病果不遗留于土壤中。同时将杂草寄主连根拔出，病地花生收获后不带出田外，病残体就地晒干，集中烧毁。另外，不用病残体沤肥、喂牲畜，以防根结线虫混入粪肥，传播危害。④合理施肥，改良土壤，加强田间管理；增施有机肥，深翻改土，精细耕作，改进灌溉条件，均能减轻根结线虫的危害。⑤药剂防治。防治花生线虫病的药剂种类很多，要严格按照产品使用时间和用量要求，因地制宜选择使用，严防药害和残留。

十九、花生根腐线虫病

分布区域 在山东花生栽培区有发生。

发病症状 主要危害根部，主根和须根局部受侵染变黑，植株生长滞迟、矮小，叶片发黄。危害严重时，受害植株仅为正常植株的一半，并可危害荚壳和果柄，产生黑色斑。

侵染途径、发病条件及规律 线虫在土壤中大量存在，也可在荚壳中越冬，成虫、幼虫均可直接危害植株根部，寄生于薄壁组织中，沙土中根腐线虫多，危害重。

防治方法 ①合理轮作换茬。②可用福美双进行土壤处理。其他药剂处理见花生线虫病。

二十、花生黄萎病

分布区域 在河南、山东等省的花生栽培区有发生。

危害及寄主作物 寄主植物甚广，侵染花生、棉花、向日葵、茄子、瓜类和马铃薯等各种作物及杂草。

发病症状 花期先从下部叶片出现边缘不清楚的黄色斑块，植株生长较矮。严重干旱情况下，可萎蔫死亡。根茎部维管束变褐。

侵染途径、发病条件及规律 病菌在病残株中越冬，能在土中存活多年。病菌生长最适温度为20℃～24℃。

防治方法 ①与非寄主作物轮作。②清除病残株，深翻土地。

二十一、花生荚绵腐病

分布区域 在湖北省的花生栽培区中有发生。

发病症状 花生的根部、果针和荚果受害。荚上病斑呈褐色水浸状，后呈湿腐状，荚壳变薄，最后完全腐烂。种子内部呈水浸状，后腐烂。须根亦常呈现湿腐状。

侵染途径、发病条件及规律 病菌以卵孢子或菌丝在植株病残组织内越冬。卵孢子在适宜条件下萌发产生游动孢子或直接长出芽管侵害寄主。高湿有利于病菌发展和传播。

防治方法 加强栽培管理，注意清沟排水。

二十二、花生缺铁黄化症

分布区域 在各花生栽培区均有零星发生。

发病症状 因缺铁造成,初期叶片发黄,后渐发白,主脉呈铁褐色不规则长条斑,有的时候叶缘变褐后,死亡脱落,因叶片脱落而使植株光杆。严重时整块地发生黄化,造成花生减产。发病时间在6~7月份。缺铁黄化症在盐碱地、水肥条件好的菜园地发病较多,高温、高湿条件下发病严重。

防治方法 发病初期每667平方米用0.2%~1%的硫酸亚铁溶液喷洒50升,1周后黄叶上面便出现绿色,每隔7天喷1次,连喷2~3次,绿色部分逐渐扩大。

二十三、花生黄曲霉菌病

花生是最容易受黄曲霉菌感染的农作物之一,在世界范围内均有发生。黄曲霉毒素是目前世界上公认的毒性最强的致癌物质,主要有黄曲霉毒素 B_1、黄曲霉毒素 B_2、黄曲霉毒素 G_1、黄曲霉毒素 G_2 4种,其中以黄曲霉毒素 B_1 毒性最强,产毒量也最大。其侵染所造成的黄曲霉毒素污染不仅影响花生的品质和外贸出口,而且直接危害人们的健康。黄曲霉菌的感染首先在田间发生,特别是在花生生长后期。收获后不能及时晾晒,以及贮藏不当可以加重黄曲霉菌的感染和毒素污染。

我国规定在花生油、花生及其制品中黄曲霉毒素 B_1 的允许含量为十亿分之二十(20ppb)。联合国粮农组织和世界卫生组织,包括美国的初步标准中规定,黄曲霉毒素超过30微克/千克时不能食用,也不能作饲料。

侵染途径和感染条件 黄曲霉菌广泛存在于土壤中,土壤中的黄曲霉菌可直接从伤口处侵染花生果针、荚果和籽仁，并在籽仁上迅速繁殖和产毒。影响黄曲霉菌田间感染的因素有下面几种。①地下害虫如蛴螬、金针虫等为害花生荚果不仅直接把黄曲霉菌带进受害的荚果，而且破损部位也为黄曲霉菌侵染增加了机会。②花生田间管理和收获时受损伤的荚果以及由于土壤温度和湿度波动引起的种皮自然破裂，使黄曲霉菌更易侵入。③锈病、叶斑病、茎腐病等真菌病害引起早衰，甚至枯死的花生植株荚果，受黄曲霉菌感染率也较高。④花生生育后期遭遇干旱是影响黄曲霉菌侵染花生的重要因素。⑤对不同类型土壤样品黄曲霉菌菌量进行测定，以水旱轮作地土壤含菌量最高，其次为水田，旱地最少。⑥适时收获的花生受黄曲霉菌感染的较少，而延迟收获的花生黄曲霉菌感染率较高。延迟收获花生的过熟荚果，特别是含水量高于30％的种子显著增加了黄曲霉菌侵染的机会。⑦种皮在抗黄曲霉菌侵染中起关键作用，具有完整种皮的花生种子才能表现出抗侵染特性。⑧花生品种间对黄曲霉菌侵染和产生毒素的抗性存在明显差异。

大田中的防治 在花生生育后期，花生荚果发育期间保障水分供给，避免收获前干旱造成黄曲霉菌感染率大幅度增加；尽量避免结荚期和荚果充实期中耕，以免损伤荚果；把病虫害对荚果的损伤减少到最低程度；收获后及时晒干荚果，把花生种子含水量控制在5％以下；由于花生品种对黄曲霉菌侵染的抗性存在差异，各地应通过调查选用对黄曲霉菌侵染具有抗性的品种，以减少黄曲霉菌的感染。

食品及饲料中黄曲霉毒素的去除 黄曲霉毒素的去毒方法有物理法和化学法2种。

(1)物 理 法

①筛选 用筛选、风选、人工手选、电子色选等将霉坏、破损、皱皮、变色的花生仁选去,即可使黄曲霉毒素 B_1 的含量降低到 5ppb 以下。

②加热 把花生油采用升温法去毒。将黄曲霉毒素 B_1 含量在 200ppb 以下的花生油,加温到 220℃～250℃保持 3～5 分钟,其毒素可下降到 20ppb 以下,而油的色泽、气味和食味均没有改变。如果黄曲霉毒素 B_1 含量 400 在 ppb 以上,则需要加热到 280℃以上才能把大部分毒素破坏,但油色、油味就会发生变化。

③吸附 用活性白土吸附法处理花生油,可使其黄曲霉毒素 B_1 含量从 800ppb 降到 10ppb 以下,而且花生油气味和折光指数无大变化,并且含水量、酸价和杂质也有所降低。

(2)化 学 法

①食盐去毒 当花生油含有黄曲霉毒素 200ppb 时,加入 21.7%的粗盐,同时加温,随温度的升高和时间的延长,去毒效果增强。180℃加温 2 分钟和 140℃加温 15 分钟,去毒效果均为 94%以上。炒菜时油冒轻烟,加入食盐至沸腾即 170℃～180℃,去毒效果可达 95%以上。

②碱炼去毒 霉变花生榨油后黄曲霉毒素 B_1 和酸价均高,采用碱炼法,既去除毒素,又可降低酸价。

③其他去毒法 用紫外线照射、氨分、臭氧、过氧化氢及次氯酸钠等去毒均有效。将花生及其食品中的水分保持在 14%以下,温度低于 20℃也可以防止黄曲霉菌的产生和毒素的形成。

第二节　花生虫害的发生规律与防治技术

一、蛴螬(金龟子)

种类　蛴螬是金龟子的幼虫，金龟子种类有上千种，为害花生的约有 40 余种，其中以大黑金龟子、拟毛黄金龟子、黑绒金龟子、阔胫金龟子、褐条丽金龟子和四纹金龟子等为害严重。

分布区域　大黑金龟子有 3 种，华北大黑鳃金龟子主要发生在华北地区。东北大黑金龟子以东北地区发生最多。江南大黑金龟子以长江流域较多。拟毛黄金龟子在南北方都有发生。黑绒金龟子分布在南岭以北，以东北地区发生较多。阔胫金龟子和小阔胫金龟子以北方丘陵山区发生较多。褐条丽金龟子和四纹金龟子以东北地区发生较多。

为害作物情况　金龟子均以幼虫(蛴螬)为害花生、大豆和谷类等作物幼苗嫩根、种芽或花生荚果。成虫喜食豆类及苗木叶片。造成叶片残缺不齐，严重时能将叶片吃光。花生从播种到收获整个生育期间均可受到蛴螬的为害。苗期主要取食种子，咬断须根，造成缺苗断垄。生长中后期，取食幼果及种仁，造成空壳；咬断果柄，造成落果；咬断主根，造成整株死亡。

蛴螬大多喜潮湿，怕干旱。保水能力强的黏性土壤，田间管理粗放，杂草丛生等情况下，有利于其繁殖生长，为害严重。

形态特征与识别　大黑金龟子成虫体长 16～22 毫米(东北种较小，江南种较大而扁阔)，棕褐色至黑褐色，鞘翅有纵肋 4 条。雄虫第五腹板后方中央有凹坑，东北种凹坑呈宽三角形，华北种呈狭三角形，江南种呈弧形。华北种臀板隆凸圆尖，另外2种则中央凹入。幼虫长约35毫米，肛门三裂形，肛腹板有不规则排列的钩状刚毛，无刺列。

拟毛黄金龟子成虫长约17.5毫米，深黄褐色，有光泽，体(包括小盾片)具淡黄色细毛，尤以胸部腹面和足股节内侧较多而长。触角9节，雄虫鳃片部较大，镰刀状，长度为前5节的1.5倍，雌虫较小，纺锤状。头后缘两复眼间有一横脊，前胸背板侧缘全部细锯齿状，鞘翅除会合缝有纵肋外无其他纵肋。卵长约2.5毫米，椭圆形，乳白色。幼虫淡黄白色，肛毛区中央有椭圆形裸区。

黑绒金龟子成虫体长约7.5毫米，黑色，有紫褐丝光，触角10节，后足胫节下方无成列的刺。卵呈椭圆形，长约1毫米，乳白色。幼虫长约18毫米，肛门呈倒"丫"状，肛毛区中央呈笔头状空隙，后缘有锥状刺14～24枚，呈弧形排列。蛹长约7.5毫米，黄色。

阔胫金龟子和小阔胫金龟子，成虫长约8.5毫米，浓赤褐色，有丝光，触角10节，黄色，后胫扁阔。

褐条丽金龟子成虫体长约11毫米，土黄色，前胸背面有2个黑褐色大斑，幼虫肛腹板有2列平行尖刺，每列11～18根。四纹丽金龟子成虫体长约10毫米，金绿色，鞘翅黄褐色，缝线和侧边有时暗绿色，雄虫触角鳃叶部明显长于其后5节，唇基一般向前收窄，前胸背板两侧刻点一般不融合，肩疣外侧与外缘之间从前后方看不呈折角状。幼虫肛腹板中央有"V"字形尖刺列，每列5～8根，肛门横缝状。

生活习性与发生规律　大黑金龟子北方约2年1代，淮河流域1年1代。以成虫和幼虫在土中越冬，一般一年以2龄和3龄幼虫越冬为主，另一年则以成虫越冬为主，相互交替。山东省烟台地区越冬幼虫4月中旬为害春播花生和其他作物幼苗，6～7月份化蛹，羽化后不出土直接越冬。越冬成虫4～7月份活动，6月中旬在花生田产卵，8月中旬花生结果期正是幼虫为害盛期，11月上旬幼虫越冬。江苏省滨海地区越冬幼虫4月下旬为害，当年幼虫则以7月份为害最严重；辽宁省南部以越冬幼虫为害春花生种苗最严重。拟毛黄金龟子在山东省1年发生1代，以老熟幼虫在土中越冬。成虫5月下旬出现，6月下旬盛发，趋光性强，不取食即可产卵，卵散产，幼虫在8～9月份为害。黑绒金龟子各地均1年发生1代，北方以成虫形态越冬，偏南的地区则有幼虫越冬。成虫4～6月份出现，无风晴天最活跃，多群集为害，有假死性，卵产在根际土中，幼虫为害根部，在土中化蛹。新羽化成虫不出土直接越冬。阔胫金龟子1年发生1代，以幼虫在土中越冬。辽宁南部6月下旬雨后才开始发生，7月下旬盛发，多在夜间活动，趋光性强，喜高温、多湿气候。卵产在土中。幼虫为害杂草和作物根部。小阔胫金龟子形态、习性似阔胫金龟子，但成虫体长仅7～8毫米，体色较淡，为害较重。在辽宁省南部地区褐条丽金龟子、四纹丽金龟子，1年发生1代，以幼虫形态越冬。成虫7月份盛发，白天活动，有假死性，7月中下旬在大豆、花生和杂草地产卵。

农业防治 ①花生的良好前茬是玉米和谷子等禾本科作物，合理轮作避免重茬。②秋季深翻可将害虫翻至地面，结合随犁拾虫或被鸟雀啄食，减少虫源。多耙可使部分蛴螬因机械碰伤而死。可有效地降低虫口基数，减轻危害。③中耕除草灭虫。在蛴螬幼虫低龄阶段的6～7月份，及时中耕除草，使幼虫移动部位，可因机械损伤而死亡，翻到土表的幼虫因干燥而死亡。同时，也可消灭部分产在杂草根部的卵及低龄幼虫。④蛴螬能取食土壤中的有机质，凡田间大量施用未充分腐熟的粪肥，蛴螬发生较重，施用腐熟粪肥可减轻发生。⑤蛴螬抗水能力差，适时浇水，可使部分幼虫窒息而死。⑥冬灌可大大压低蛴螬的虫口密度。⑦可利用成虫的假死性和趋光性进行人工捕杀。

药剂防治幼虫 ①花生播种时，每667平方米用3%呋喃丹颗粒剂2.5～3千克，或5%甲拌磷颗粒剂1.5～2千克，或5%辛硫磷或异丙磷颗粒剂2.5～3千克，掺细沙30～50千克，配成素土盖种。也可用种子重量0.2%的50%辛硫磷乳剂拌种，防治效果均较好，并能兼治其他地下害虫及蚜虫和红蜘蛛等。②播前用种衣剂包衣，此方法也能有效地防止鼠害。③生长期防治。每667平方米用50%辛硫磷乳油0.25～0.3千克或3%甲基异柳磷颗粒2.5～3千克，掺细沙土30～50千克，拌匀制成毒土，顺垄撒于花生基部，然后覆土浇水。也可用50%辛硫磷乳油1000～1200倍液，或40%甲基异柳磷乳油1500～2000倍液，喷于花生植株周围的土中。④6月下旬和7月下旬在金龟子孵化盛期和幼龄期用50%辛硫磷或90%敌百虫1000倍液灌根。

药剂防治成虫 防治成虫是降低田间虫口密度，控制危害的关键措施之一。可在成虫盛发期但尚未产卵前，进行药剂喷杀和人工捕杀。药剂喷杀可用40%氧化乐果、50%马拉硫磷、40%水胺硫磷、50%辛硫磷等药剂的800～1000倍液，喷施于花生田、大豆田或寄主灌木上。用榆、杨等树枝浸蘸药剂均匀插于田间，每公顷约200枝，诱杀成虫。

二、蝼 蛄

分布区域 全国各地均有分布，主要以非洲蝼蛄和华北蝼蛄为害为主，华北蝼蛄以北方地区发生较多。

为害作物情况 为害及寄主作物广泛。成虫、若虫均在土中活动，取食播下的种子、幼芽或将幼苗咬断致死。受害的根部呈乱麻状。由于蝼蛄的活动将表土层窜成许多隧道，使苗根脱离土壤，致使幼苗因失水而枯死。严重时造成缺苗断垄。

形态特征与识别 非洲蝼蛄成虫体长30～35毫米，灰褐色，腹部颜色较浅，全身密布细毛。头圆锥形，触角丝状，前胸部背板卵圆形，中间具一明显的暗红色长心脏形凹陷斑。前翅灰褐色，较短，仅达腹中部。后翅扇形，较长，超过腹部末端。腹末具1对尾须。前足为开掘足，后足胫节背面内侧有4个距。华北蝼蛄体型比非洲蝼蛄大，体长42～54毫米，黄褐色，前胸背板心形凹陷不明显，后足胫节背面内侧仅1个距或消失。

生活习性与发生规律 在北方地区2年发生1代，在南方1年1代，以成虫或若虫在地下越冬。清明后上升到地表活动，在洞口可顶起一个小的虚土堆。5月上旬至6月中旬是蝼蛄最活跃的时期，也是第一次为害高峰期。6月下旬至8月下旬，天气炎热，转入地下活动。6～7月份为产卵盛期。9月份气温下降，再次上升到地表，形成第二次为害高峰。10月中旬以后，陆续钻入深层土中越冬。蝼蛄昼伏夜出，以夜间9～10时活动最盛，特别在气温高、湿度大、闷热的夜晚，大量出土活动。早春或晚秋因气候凉爽，仅在表土层活动，不到地面上，在炎热的中午常潜至深土层。蝼蛄具趋光性，并对香甜物质，如半熟的谷子、炒香的豆饼、麦麸以及马粪等有机肥，具有强烈的趋性。成、若虫均喜松软潮湿的壤土或沙壤土。20厘米表土层含水量20%以上最适宜，小于15%时活动减弱。

当气温在12.5℃～19.8℃，20厘米表土温度为15.2℃～19.9℃时，对蝼蛄最适宜，温度过高或过低时，则潜入深层土中。

防治措施 蝼蛄的测报防治指标为0.3头/平方米为轻发生，0.3～0.5头/平方米为中等发生，0.5头/平方米以上为严重发生。防治措施：①可参照蛴螬的防治措施。②根据蝼蛄夜间出土活动并对香甜物质有强烈趋性的特点，可采用施撒毒饵的方法加以防治：先将饵料（秕谷、麦麸、豆饼、棉籽饼或玉米碎粒）5千克炒香，而后用90%敌百虫晶体30倍液0.15千克拌匀，适量加水，拌潮为度，每667平方米施用1.5～2.5千克。在无风闷热的傍晚撒施效果最佳。也可用40%乐果乳油10倍液或其他杀虫剂拌制饵料。

三、金针虫

分布区域 在各地均有分布。

为害作物情况 金针虫分沟金针虫和细胸金针虫2种，主要以幼虫在土中取食播种下的种子、萌出的幼芽、幼苗的根部，致使作物枯萎致死，造成缺苗断垄，甚至全田毁种。

形态特征与识别 沟金针虫老熟幼虫体长20～30毫米，细长筒形略扁，体壁坚硬而光滑，具黄色细毛，尤以两侧较密。体黄色，前头和口器暗褐色，头扁平，上唇呈三叉状突起，胸、腹部背面中央呈一细纵沟。尾端分叉，并稍向上弯曲，各叉内侧有1个小齿。各体节宽大于长，从头部至第九腹节渐宽。细胸金针虫老熟幼虫体长约32毫米，宽约1.5毫米，细长圆筒形，淡黄色，光亮。头部扁平，口器深褐色。第一胸节较第二和第三节稍短。1～8腹节略等长，尾节圆锥形，近基部两侧各有1个褐色圆斑和4条褐色纵纹，顶端具1个圆形突起。

生活习性与发生规律 沟金针虫2～3年发生1代,以幼虫和成虫在土中越冬。在河南省南部,越冬成虫于2月下旬开始出蛰,3月中旬至4月中旬为活动期,白天潜伏于表土中,夜间出来交配产卵。雌虫无飞翔能力,每雌产卵32～166粒,平均产卵94粒;雄成虫善飞,有趋光性。卵发育历期33～59天,平均42天。5月上旬幼虫孵化,在食料充足的条件下,当年体长可至15毫米以上,到第三年8月下旬,幼虫老熟,于16～20厘米深的土层中做土室化蛹,蛹期12～16天,平均约16天。9月中旬开始羽化,当年在原蛹室内越冬。在北京,3月中旬10厘米深处地温平均为6.7℃时,幼虫开始活动;3月下旬地温达9.2℃时,开始为害,4月中旬地温为15.1℃～16.6℃时为害最重。5月下旬地温为19.1℃～23.3℃时,幼虫则渐趋13～17厘米的深土层中栖息;6月份10厘米地温达28℃以上时,金针虫下潜至深土层越夏。9月下旬至10月上旬,地温下降到18℃左右时,幼虫又上升到表土层活动。10月下旬随地温下降幼虫开始下潜,至11月下旬10厘米地温平均1.5℃时,金针虫潜于27～33厘米深的土层越冬。由于沟金针虫雌虫活动能力弱,一般多在原地交尾产卵,故扩散为害受到限制,因此在虫口高的田内一次防治后,在短期内种群密度不易回升。细胸金针虫分布在我国北方地区,在东北地区,约3年发生1代。6月中下旬成虫孵化,活动能力强,对刚腐烂的禾本科草类有趋性。6月下旬至7月上旬为产卵盛期,卵产于表土内。在黑龙江克山地区,卵发育期为8～21天。幼虫喜潮湿及微偏酸性的土壤,一般在5月份10厘米地温7℃～13℃时,为害严重,7月上旬地温升至17℃时即停止为害。

防治措施 参照蛴螬。

四、地 老 虎

分布区域 在各地均有分布。

为害作物情况 地老虎分小地老虎、大地老虎和黄老虎3种。幼虫将幼苗近地面的茎部咬断，使整株死亡，造成缺苗断垄，严重的甚至造成毁灭性灾害。

形态特征与识别 小地老虎成虫体长16～23毫米，翅展42～54毫米，深褐色，前翅由内横线、外横线将全翅分为3段，具有显著的肾状斑、环形纹、棒状纹和2个黑色剑状纹；后翅灰色无斑纹。卵长0.5毫米，半球形，表面具纵横隆纹，初产时呈乳白色，后出现红色斑纹，孵化前转为灰黑色。幼虫体长37～47毫米，灰黑色，体表布满大小不等的颗粒，臀板黄褐色，具2条深褐色纵带。蛹长18～23毫米，赤褐色，有光泽，第五至第七腹节背面的刻点比侧面的刻点大，臀棘为短刺1对。大地老虎成虫体长20～25毫米，褐色，前翅无黑色剑状纹，前缘近翅基2/3处呈黑褐色。幼虫末龄体长41～60毫米，体表多皱纹，颗粒不明显，臀板全部深褐色。黄地老虎成虫体长14～19毫米，黄褐色或灰褐色，前翅横纹不明显，肾形斑、环形纹和棒状纹明显，并镶有黑褐边，翅面散布褐色小点。末龄幼虫体长33～42毫米，体表颗粒不明显，臀板为2块黄褐色斑。

生活习性与发生规律 小地老虎年发生代数由北至南不等，黑龙江省2代，北京市3～4代，江苏省5代，福建省6代。越冬虫态、地点在北方地区至今不明。据推测，春季虫源系迁飞而来；在长江流域能以老熟幼虫、蛹及成虫越冬；在广东省、广西壮族自治区、云南省则全年繁殖为害，无越冬现象。成虫夜间活动、交配产卵，卵产在5厘米以下矮小杂草上，尤其在贴近地面的叶背或嫩芽上，如小旋花、小蓟、藜和猪毛菜等，卵散产或成堆产，每雌平均产卵 800～1 000 粒。成虫对黑光灯及糖、醋、酒等趋性较强。幼虫共 6 龄，2 龄在地面、杂草或寄主幼嫩部位取食，为害不大；3 龄后昼间潜伏在表土中，夜间出来为害，动作敏捷，性残暴，能自相残杀。老熟幼虫有假死习性，受惊缩成环形。幼虫发育历期：15℃时幼虫期经历 67 天，20℃时幼虫期经历 32 天，30℃时幼虫期经历 18 天。蛹发育历期 12～18 天，越冬蛹长达 150 天。小地老虎喜温暖又潮湿的条件，最适发育温度为 13℃～25℃，在河流湖泊地区或低洼内涝、雨水充足及长年灌溉地区，如属土质疏松、团粒结构好、保水性强的壤土、黏壤土、沙壤土均适于小地老虎的发生。尤其是早春菜田及周缘杂草多时，可为其提供产卵场所；蜜源植物多，可为成虫提供补充营养的情况下，将会形成较大的虫源，发生严重。大地老虎每年发生 1 代，以幼虫越冬，第二年 4～5 月份与小地老虎同时混合发生为害。有越夏生活习性，在北京 9 月份化蛹，成虫喜食蜜糖液，卵产于植物近地面的叶片或土块上。黄地老虎在东北地区 1 年发生 2 代，西北地区 2～3 代，华北地区 3～4 代，均以幼虫在 10 厘米以下的表土层内越冬。以春、秋两季作物受害重。

预测预报　对成虫的预报可采用黑光灯或蜜糖液诱饵器，在华北地区春季自 4 月 15 日至 5 月 20 日设置，如平均每天每台诱杀 5～10 头及以上，表示进入发蛾盛期，蛾量最多的一天即为高峰期，过后 20～25 天即为 2～3 代幼虫盛期，为防治适期；诱蛾器如连续 2 天在 30 头以上，预兆将有大发生的可能。对幼虫的测报采用田间调查的方法，如定苗前每平方米有幼虫 0.5～1 头，或定苗后每平方米有幼虫 0.1～0.3 头(或百株蔬菜幼苗上有虫 1～2 头)，即应防治。小地老虎和大地老虎的防治方法相同。

农业防治 早春清除田间及周边杂草，防止地老虎成虫产卵是关键一环；如已产卵，并发现1～2龄幼虫，则应先喷药后除草，以免个别幼虫入土隐蔽。清除的杂草，要远离地块，沤粪处理。

诱杀防治 一是黑光灯诱杀成虫。二是糖醋液诱杀成虫：糖6份、醋3份、白酒1份、水10份、90％敌百虫晶体1份调匀，或用泡菜水加适量农药，在成虫发生期设置，均有诱杀效果。某些发酵变酸的食物，如甘薯、胡萝卜、烂水果等加入适量药剂，也可诱杀成虫。三是毒饵诱杀幼虫（参照蝼蛄）。四是堆草诱杀幼虫：在出苗前，地老虎仅以田中杂草为食，因此可选择地老虎喜食的灰菜、刺儿菜、苦荬菜、小旋花、苜蓿、艾蒿、青蒿、白茅、鹅儿草等杂草堆放诱集地老虎幼虫，或人工捕捉，或拌入药剂捕杀。

化学防治 地老虎1～3龄幼虫期抗药性差，且暴露在寄主植物或地面上，是药剂防治的适期。可采用灭杀毙（21％增效氰·马乳油）8 000倍液，或2.5％溴氰菊酯，或20％氰戊菊酯3 000倍液，或20％菊·马乳油3 000倍液，或10％溴·马乳油2 000倍液，或90％敌百虫晶体800倍液，或50％辛硫磷乳油800倍液，及时喷药防治。

五、种　蝇

分布区域 在各地都有发生。

为害作物情况 食性杂，除为害花生外，还为害豆类、瓜类、棉花和蔬菜等。

形态特征与识别 为害花生的种蝇属双翅目，花蝇科。俗称地蛆、种蛆和菜蛆。成虫为灰色或黄灰色小蝇，雌虫体长

5毫米左右，翅展11毫米。复眼暗紫色，两复眼距离较宽，约等于头宽的1/3。前翅基部的背刺毛较短。雄虫体长4毫米左右，暗褐色，两复眼几乎相接。幼虫体长8～10毫米，乳白色略带淡黄色，头尖，尾印似截断状。

生活习性与发生规律 种蝇1年发生2～3代。在北方花生产区以蛹在土壤中越冬，第二年3～4月份大量羽化为成虫，飞到有机肥较多的花生地里产卵。4月下旬至5月上旬为第一代幼虫发生期，这时正值花生播种出苗期，幼虫钻入种子中咬食子叶及胚芽，或钻入幼茎内为害。种蝇在比较阴湿的地方和有机肥料附近的土缝里产卵。因此施未腐熟的土粪、鸡粪或施有机肥而未深耕翻于深层土壤的地块，最易招引成虫产卵而遭受严重为害。如果春花生播种过早，地温低，种子发芽迟，出土慢，往往也会招引种蝇，增加为害。种蝇的卵、幼虫和蛹均生活于土中，因此土壤湿度对其影响较大。卵产在干旱的土壤中，其孵化率为20%～25%，卵产在绝对含水量达35%的土壤内其孵化率高达85%～100%。

防治措施 ①不用未腐熟的骡马粪、鸡粪和人粪尿作种肥，施用农家肥要深耕翻入播种土层以下，适期播种。②在早春种蝇盛发期，成虫大部分停留在花生地里，不能高飞，可趁早晨露水未干之前，地面喷施50%辛硫磷乳油1 000倍液，每667平方米用药液50～60升，每隔7～10天喷1次，连喷2～3次，防治效果很好。③其他药剂防治同蛴螬幼虫的防治。

六、花生蚜虫

分布区域 在各地均有分布。

为害作物情况 花生蚜虫又叫豆蚜或苜蓿蚜，为多食性害虫，寄主植物有200余种，主要为害花生、蚕豆、苜蓿、豆科绿肥植物、洋槐、芥菜、小蓟及地丁等。在新疆维吾尔自治区还为害棉花、甘草与骆驼刺。成虫、若虫群集刺吸花生嫩茎、嫩梢、叶片、花器、果实等,造成叶片卷曲、生长停滞、不开花结实,并能传染病毒病。

形态特征与识别 有翅胎生雌蚜:体长1.6～2毫米,暗绿色,有光泽,触角淡黄色,基部2节及各节顶端暗色,第三节有感觉圈4～8个,第六节鞭部为基部长的2～2.5倍,足淡黄色,各节端部及跗节暗色,腹都各节有硬化条纹,腹管黑色,长筒形,尾片乳头状,有曲毛3对。无翅胎生雌蚜:长约2.5毫米,黑色光亮,并有少量蜡粉,触角淡黄色,基部2节,第五节末端与第六节暗色,第六节鞭部为基部长的2倍,腹部1～6节背面愈合,上有网状纹。腹管、尾片与有翅型相似。若蚜呈灰紫色,体节明显。

生活习性与发生规律 1年发生20～30代,主要以成蚜和若蚜在背风向阳的寄主植物中越冬,少数以卵越冬。山东省4月间生有翅蚜向芥菜、刺槐、紫穗槐、国槐、豌豆等寄主上迁飞扩散。5月中、下旬花生出苗后转害花生等作物。6～7月花生开花时蚜虫盛发。9～10月花生收后有翅蚜迁飞到其他寄主植物上为害和越冬,少数产生有性蚜,交尾产卵越冬。苜蓿蚜5℃～10℃能大量繁殖,15℃～24℃为适温,25℃以上受抑制,干旱年份发生严重,伏雨后蚜量剧降。

农业防治 清除杂草,在蚜虫尚未迁入花生地时,喷药杀死槐树等寄主上的蚜虫。消灭越冬害虫。在冬季和春季蚜虫第一次迁飞前,结合积肥,铲除田边、路旁、山坡、坟头上的寄主杂草,消灭蚜源,减轻为害。防治中间寄主上的蚜虫。在“三槐”树上的蚜虫达到一定密度且向花生田迁飞前,进行喷药防治,减少蚜虫迁飞量。

药剂防治 ①隐蔽施药,保护天敌。可采用药剂拌种或土壤处理,防治方法同蛴螬防治。既可防治花生苗期蚜虫,又可保护蚜虫天敌。②花生出苗后,蚜虫点、片发生时喷药。药剂用40%乐果,或50%马拉硫磷,或50%杀螟松。也可在花生株丛基部撒施毒土,使之与蚜虫接触,每667平方米50千克。花生田百株有蚜虫1 000头左右时,应及时喷药防治,用50%抗蚜威粉剂1 500～2 000倍液,有较好的防治效果。

七、棉 铃 虫

分布区域 棉铃虫是花生的一种主要害虫,分布广泛,在一般花生产区均有发生。

为害作物情况 属杂食性害虫,寄主有200多种,主要有花生、棉花、玉米、小麦、番茄、辣椒等农作物及野苋菜和马鞭草等杂草。

形态特征与识别 棉铃虫属鳞翅目,夜蛾科昆虫,有成虫、卵、幼虫和蛹4个虫态。成虫体长15～20毫米。复眼球形,绿色。雌蛾黄褐色,雄蛾暗绿色。前翅外横线外有深灰色宽带,带上有7个小白点,肾形纹。后翅灰白色,有一褐色月牙形斑纹。卵为半球形,初产时乳白色,后变黄白色,将孵化时转为暗黑色,有紫色斑,高约0.52毫米,宽约0.46毫米,纵纹和横纹形成长方形格。初孵幼虫青灰色,老熟幼虫体长40～50毫米,头黄褐色,一般6龄,体色分为淡红色、黄白色、淡绿色和深绿色4种。蛹呈纺锤形,红褐色至黑褐色,体长17～20毫米。腹部末端有1对臀刺,基部分开。气门较大,呈筒状突起,较高。

生活习性与发生规律 1年发生4～5代,在土壤中3～5

厘米处筑土室化蛹越冬。4 月份越冬代成虫开始发生,5 月份为产卵和 1 代幼虫期,主要为害小麦及番茄等作物。6 月上中旬第一代成虫开始发生,6 月中下旬为产卵及卵孵化期;7 月上旬第二代成虫发生,7 月中下旬为产卵及卵孵化期;8 月初第三代成虫发生,8 月中旬为产卵及孵化期;个别地区9～10 月份发生第五代棉铃虫。为害花生主要是 6～8 月份的第二、第三和第四代棉铃虫。雨天多,雨量大时,土壤处在浸水状态,能造成棉铃虫地下蛹大量窒息死亡,减轻为害。棉铃虫成虫有较强的趋光性,产卵多在植物顶尖嫩叶及苞叶上,使叶片残缺不全,减少光合面积,同时棉铃虫幼虫特别喜食花蕾,影响开花受精和植株正常生长,减少结荚数,造成花生严重减产和品质下降。

在棉铃虫第二和第三代发生期,如雨量适中,且次数较多,产卵可出现多次高峰,产卵盛期长时,发生严重;反之,则轻。暴风雨对棉铃虫卵和初孵幼虫有强劲的冲刷致死作用,不利于棉铃虫的发生。密度过大,生长过旺的花生田,适于棉铃虫产卵,发生较重。

农业防治 ①在花生田周围或田间种植玉米诱杀带,诱集棉铃虫成虫及产卵,然后及时集中捕杀。②有条件的地方可进行冬耕冬灌,消灭地下越冬蛹,降低越冬害虫基数,减轻危害。花生田及时中耕除草,消灭部分地下蛹。③利用棉铃虫成虫的趋光性、对半枯萎的杨柳枝把的趋性及对由其体内提取出的性外激素的趋性,可利用灯光、杨柳枝把及性诱剂诱杀成虫。

药剂防治 药剂防治时间应掌握在棉铃虫幼虫 2～3 龄前。药剂防治可选用一些高效的复配制剂,如 50%辛氰乳油 1 200～1 500 倍液,或 50%棉铃宝乳油 1 200～1 500 倍液。

药剂防治时应注意使用不同作用机制的化学农药交替轮换使用。

八、叶螨(红蜘蛛)

分布区域　北方以二斑叶螨为害为主,南方以朱砂叶螨为害为主。

为害作物情况　寄主植物有 100 多种,主要有花生、大豆、玉米、棉花、甘薯、茄子和番茄等。叶螨在花生出苗后的整个生育期间均可为害。主要聚集在花生叶背面结成蛛网吸食叶片汁液,破坏叶绿素。受害叶片正面先出现黄白色小点,叶片停止生长,生育期推迟。受害重时,叶片全部变为红褐色,叶片边缘向背面卷缩,导致叶片脱落,植株枯死。

形态特征与识别　叶螨属蜘蛛纲,叶螨科,有成虫、卵、幼虫和若虫 4 个虫态。二斑叶螨成螨体红褐色或锈红色,体两侧各有长条形黑色斑 1 块。雌螨梨圆形,大小为(0.04～0.06)毫米×0.3 毫米。雄螨心脏形,大小为 0.3 毫米×0.2 毫米,头胸部前端近圆形,腹部末端稍尖。卵为圆球形,光滑,直径约为 0.13 毫米。初产时无色透明,后变为橙红色。幼螨虫体近圆形,透明,眼红色,足 3 对,大小为 0.15 毫米×0.12 毫米。若螨分第一若螨和第二若螨,足 4 对。第一若螨大小为 0.21 毫米×0.15 毫米,第二若螨仅雌虫有,大小为 0.36 毫米×0.22 毫米。朱砂叶螨雌成虫锈红色,颚体黄色,躯体两侧有黑斑 2 对,体色无季节变化,全年均为红色 ,其他虫态特征和二斑叶螨相似。

生活习性与发生规律　叶螨喜干燥高温,气温在 25℃以上、相对湿度在 70%以下时,有利于叶螨发生。降雨偏多,湿度大时,不利于发生。每年北方发生 10～15 代,南方发生

15～20代。北方以成螨在作物或杂草根际、土缝、树皮等处越冬，南方以各种虫态在杂草、蚕豆等寄主植物上越冬。第二年3月份开始活动产卵，4月份卵开始孵化，孵化的幼螨在野生寄主上取食为害。花生出苗后，若螨经爬行或风吹等方法，于5月中旬迁入花生田，繁殖为害。先点片发生，随着温度升高，繁殖加快，扩散至全田。10月中下旬开始越冬。套种田为叶螨提供了充足的食物源和适宜的生态环境，造成套种田叶螨为害重。

农业防治 合理浇水，消灭越冬虫。在叶螨发生初期，若天气干旱少雨，可结合田间浇水，改善田间小气候，防止叶螨的为害与繁殖。同时，结合浇水，用木棍等工具触及花生棵，使植株上的叶螨落入水中淹死。

药剂防治 ①播前药剂拌种。②用40%三氯杀螨醇乳油600～800倍喷雾防治。

九、花生大蟋蟀

分布区域 主要发生在南方花生栽培区。

为害作物情况 食性很杂，为害花生、大豆、芝麻、瓜类、甘薯、玉米、棉花、烟草、黄麻、茄子、柑橘、梨、桑、茶、松等农作物和树木幼苗的茎、叶、果实、种子和根部，常造成幼苗枯死。

形态特征与识别 成虫体长30～41毫米，黄褐色、棕褐色或黑褐色，前胸背板前缘较后缘宽，中央有一纵沟，两侧有桃形斑块，色较浅。后足股节发达，显著长于胫节，后胫节粗，具2列4～5个刺突，端距4根，雌虫产卵管短。卵长4～6毫米，肾形，初产为青灰色，渐变为土黄色，孵化前变为淡黄色，卵面光滑微透明。若虫深褐色至浅黄色，随所栖土色深浅而变化。龄期有6～11龄，各地不一。当有7龄时，3龄始见雌虫产卵瓣，4 龄产卵瓣的背、腹瓣才开始结合，但未伸达肛门，5 龄产卵瓣已达肛门，并始见翅芽，6 龄产卵瓣已达腹末，7 龄产卵瓣超过腹末，后翅芽达第三腹节。

生活习性与发生规律 1 年发生 1 代，以 3～5 龄大、中若虫在土穴中越冬，若虫在广州省 3 月开始活动，3～5 月份为害最严重，6～7 月份见成虫，7～8 月份在穴中交尾产卵。卵堆生，每堆 20～100 粒，约经 25 天孵化。若虫初时较集中，后分散各自筑穴。若虫和成虫白天在穴中，夜晚出来为害，常拖食物回穴。洞口有松土，幼龄穴浅，老龄穴深，暖季穴浅，冷季穴深，一般多在 67 厘米以下。

防治措施 ①清除杂草。②傍晚撒施毒饵诱杀。

十、油葫芦

分布区域 在我国南、北方花生栽培区均有发生，以黄淮地区发生较多。

为害作物情况 为害作物很杂，以花生、芝麻、大豆和瓜类等带油质和香味的作物及晚秋作物受害最重。以咬食花生荚果、根、茎和叶为害。

形态特征与识别 成虫体长 20～30 毫米(不包括尾部)，黑褐色有油光，触角细长，额上有“Λ”形黄纹，前胸背板扁平，密生短毛，有 2 个月牙纹，中胸腹板后缘中凹；前翅淡褐色，后翅发达，翅折起后尖端露出呈尾须状，尾毛 2 根；雌虫尾端尚有长产卵管 1 根。卵长约 3 毫米，长椭圆形稍弯，一端较大，有卵帽，淡黄色，表面光滑。若虫有 6 龄。1 龄和 2 龄若虫后胸背板后半部灰白色，1 龄若虫尾毛色泽分 4 段，颜色在灰白色与灰褐相间，2 龄若虫分 3 段；3 龄若虫前胸背板上出现 2 个月牙纹；4 龄若虫雌虫产卵管已超出第九腹节；5 龄若虫雄虫已显出翅芽，雌虫产卵管达末节后缘；6龄若虫雌虫出现翅芽，产卵管超出尾端。

生活习性与发生规律　南京以北1年发生1代，以卵在杂草多的向阳坡地或田埂土中越冬，4～5月份见若虫。成虫于5～8月份羽化，8～10月份交尾产卵。南昌市、重庆市1年发生2代，以中小若虫在土块、落叶下越冬。成虫在春、秋季2次盛发，卵散产在土穴中，每雌平均产卵75.4粒，雄成虫好斗，能振翅作声求偶，并筑穴与雌虫同居。成虫及若虫均日伏夜出，喜隐藏在浅层草下。

防治措施　①清除杂草。②傍晚撒施毒饵诱杀。

十一、蒙古灰象甲

分布区域　主要发生在东北和华北的花生栽培区。

为害作物情况　为害花生、大豆、甜菜、瓜类、亚麻、向日葵、棉花、果林苗木等。成虫嗜食刚出芽种子和幼苗，可全部食光；取食叶片，形成缺刻或孔洞，为害重时仅剩叶脉。

形态特征与识别　成虫体长6～7毫米，底色浓黑，密被黄褐色茸毛，杂以褐色毛块，头管短，表面有一纵沟；雌虫前胸背板短宽，雄虫的窄长，两侧边弧圆；前足胫节内侧有1列粗齿，雄虫鞘翅末端钝圆锥形，雌虫为圆锥形；后翅退化，不能飞翔。卵椭圆形，长0.8毫米，初产乳白色，后变黑褐色。幼虫长6～9毫米，乳白色，头部黄色，内唇前缘有4对齿突，中央有3对小齿突，后方有一五角形褐斑。蛹长5～6毫米，乳白色。

生活习性与发生规律　辽宁省2年发生1代，以成虫及幼虫在土壤中越冬。4月中旬平均温度10℃时成虫出土活动，20℃左右交尾较盛。常群集在苗眼中取食，吃光一丛苗再爬行迁移，有假死性。土壤过湿时不利于活动。5月上中旬产卵在表土中，每雌产卵200余粒，卵的抗逆力强。幼虫在5月下旬孵化，取食根系和腐殖质，9月末在30～60厘米土下做土室休眠，越冬后继续取食，6月中旬化蛹，7月上旬羽化，少数孵化晚的幼虫可再度越冬。新羽化成虫不出土，在原处越冬，第三年才出土。天敌有白僵菌和蟾蜍等。

防治措施 ①避免寄主作物连作或与虫口多的地块相邻。②播前拌种。③采取措施促进整齐出苗，防止出苗时陆续被害。④田间浇水，控制成虫活动。⑤成虫发生初期用80％敌敌畏乳剂1 000倍液喷雾防治。

十二、大灰象甲

分布区域 在东北和华北地区花生栽培区广泛发生。

为害作物情况 为害花生、大豆、甜菜、棉花、烟草、高粱、马铃薯、瓜类、芝麻及果林苗木等，寄主很杂。成虫食害幼苗，直至食尽，取食后的叶片呈半圆形缺刻。幼虫取食根系和腐殖质。

形态特征与识别 成虫体长约10毫米，灰黄褐色，密被鳞毛；头管粗，表面有3条纵沟；前胸背板中央灰黑色，有一纵沟；鞘翅上各具一近环状褐纹，后翅退化；前胫节内侧有一列齿突。雄虫胸部窄长，鞘翅末端不缢缩，钝圆锥形；雌虫胸部宽短，鞘翅中部膨大，末端缢缩尖锐。卵长椭圆形，长约1毫米，初产乳白色，近孵化时呈乳黄色。幼虫长约14毫米，乳白色，头部米黄色，内唇前缘有4对齿突，中央有3对小齿突，其后方有2个三角形褐纹。蛹长9～10毫米，乳白色，微黄，上颚大，钳状，覆盖前足跗节基部，腹末有2根粗刺。

生活习性与发生规律 辽宁省2年发生1代，以成虫和幼虫在土中越冬。4月中下旬成虫出土，常群集在苗眼中取食和交尾，平均气温20℃以上活动较盛，炎夏高温则潜伏在阴处，阴雨天很少活动，雨后被泥黏住后易死亡。外物临近时，善于躲避，有假死性。5月下旬产卵，产时先在叶片背面将叶片缀合，再产卵其中，常产成10～40粒的卵块。6月上旬幼虫孵化，落入土内生活，9月下旬在土室中越冬，第二年春季继续取食，6月下旬化蛹，7月中旬羽化，在原处越冬。

防治措施 成虫发生初期用80%敌敌畏乳油1 000倍液防治。

十三、柑橘斜脊象甲(大豆小绿象鼻虫)

分布区域 在广西、福建等省、自治区的花生栽培区有发生。

为害作物情况 为害花生、大豆、芝麻、玉米、粟、蓖麻、豆科绿肥作物、桃、李、梨、柑橘、棉、栗、桐、乌桕、无患子、苦楝、桉、合欢等，食性颇杂。成虫群集取食叶片成缺刻，严重时仅剩主脉。

形态特征与识别 成虫体长约6毫米，均密被淡蓝绿色闪光鳞片，头管较短，端部有3条纵隆脊，触角褐色、细长，柄节约占全长1/3，末3节锤状；前胸近于圆锥形，基部最宽，向端部强烈缩窄，基部前两侧无窝，后角无齿；各足股节内缘近端部有一小齿突。卵椭圆形，长约0.6毫米，乳白色。幼虫长6～7毫米，淡黄色；腹末节呈管状突出，背面有4根细长刚毛；腹面肛门背方有3个骨化瓣，中央瓣较大，肛门腹方及两侧亦有骨化部分。蛹长5～6毫米，淡黄色，前胸背板有10对钩状毛突，中后胸背板各有4对，腹节背面各有4～5对，腹末有1对黑褐色臀棘，臀棘末端分叉。

生活习性与发生规律　广西壮族自治区沙塘1年发生1代，以老熟幼虫在荒坡、地边杂草根部土中越冬。成虫在4月下旬出现，5月下旬至6月上旬为害大豆最严重，5月下旬开始在土中产卵，夜间产卵较多，产卵期长达2.5个月。成虫有假死性、群集性，不喜飞翔，容易捕捉。卵经4～5天孵化为幼虫，幼虫取食植物根部。

防治措施　成虫发生初期用80%敌敌畏乳油1000倍液防治。

十四、短带长颚象甲

分布区域　在南方花生栽培区有发生。

为害作物情况　为害花生、大豆。成虫取食叶片边缘成不规则锯齿状缺刻，以幼苗被害较重。幼虫取食根部。

形态特征与识别　成虫体长5～6毫米，密被灰绿色鳞片，头管短小，向下方伸出，鞘翅中央各有一不明显椭圆形淡色区。卵球形，初产乳白色，渐变黑色。幼虫白色。1年发生1代，以老熟幼虫在土中越冬。

生活习性与发生规律　成虫5～6月份出现，有假死性，6～7月份产卵在叶上。幼虫孵化后入土生活。

防治措施　①人工捕捉成虫。②成虫发生初期用80%敌敌畏乳油1000倍液防治。

十五、豆芫菁

分布区域　在南方花生栽培区均有发生。

为害作物情况　为害花生、大豆等豆科植物和棉、甜菜、马铃薯及茄子等。以成虫取食叶片、嫩茎和花瓣，残存网状叶脉。

形态特征与识别 雄虫体长 11.7～14.2 毫米，雌虫体长 14.5～16.7 毫米；体黑色，头部红色，具一对扁平黑疣，较光亮，近复眼内侧黑色；雌虫触角丝状，雄虫触角第三至第七节扁而阔，但非栉齿状，上面一侧有一纵凹沟；前胸背面两侧、后缘及中央纵纹、小盾片、鞘翅内缘、外缘、末端及中央纵纹、中后胸腹面、各腹节后缘均有灰白色绒毛；前足胫节具 2 个尖细端刺，后足胫节具 2 个短而等长的端刺，外刺宽扁，内刺尖细。卵长卵圆形，一端较尖，初产时为淡黄色，渐变为黄色，表面光滑。幼虫有 6 龄，1 龄衣鱼形，体长 2～5 毫米，深褐色，胸足发达；2～4 龄蛴螬形，乳黄色，头部淡褐色；5 龄(又称假蛹)象甲幼虫形，长约 9.5 毫米，乳白色微带黄色，全体被薄膜，光滑无毛，胸足不发达，乳突状，体微弯曲；6 龄蛴螬形，长 12.4～13 毫米，体乳白色，头部褐色，胸足短小，跗节仅呈微小突起。蛹长约 15.4 毫米，黄白色，前胸背板两侧具长刺 9 根，第一至第六腹节后缘各具刺 1 排，左右各 6 枚，第七和第八腹节左右各具刺 5 枚，第九腹节短小，触角达腹部第二节，翅芽达第三节。

生活习性与发生规律 华北 1 年发生 1 代，湖北省、江西省和福建省 1 年 2 代，均以 5 龄幼虫在土中越冬。华北 6 月中旬化蛹，成虫在 6 月下旬至 8 月中旬出现为害，有群集性、能短距离迁飞，爬行力强，好斗，受惊则坠地，并从腿节末端分泌黄色液，接触人体皮肤，能引起红肿起疱。每虫每天可食豆叶 4～6 片，尤喜嫩叶。雌虫一生一般只交尾 1 次，6 月末产卵，用前足及口器挖土成 5 厘米深斜穴，产卵于穴中，70～150 粒排成菊花状，下部有黏液相连，并以土封口。每雌可产卵 400～500 粒。幼虫孵化后取食蝗卵，每虫可食 45～104 粒卵。5 龄不取食，越冬后蜕皮为 6 龄幼虫，随即化蛹。

防治措施 ①水旱轮作，冬季深耕，使越冬幼虫冻死或被天敌杀死。②成虫点、片发生时，用 80%敌敌畏乳油2 000倍液喷雾防治。

十六、花生叶芫菁、毛角豆芫菁和毛胫豆芫菁

分布区域 在南方花生栽培区有发生。

为害作物情况 为害豆类、花生、苜蓿、马铃薯等。

形态特征与识别 成虫体长约 20 毫米，头部红色，雄成虫前足胫节外侧都密生黑色长毛，端刺 1 个，细而尖。花生叶芫菁雄虫触角基部 8～9 节有长毛，鞘翅边缘和中央均有白色条纹。毛角豆芫菁似花生豆芫菁，但鞘翅中央无条纹。毛胫豆芫菁雄虫触角基部 3 节有长毛，鞘翅外缘和末端有的有条纹，有的则没有。

生活习性与发生规律 江西省 1 年发生 1 代，成虫 4 月出现，5～6 月份最多。

防治措施 ①水旱轮作，冬季深耕，使越冬幼虫冻死或被天敌杀死。②成虫点、片发生时，用 80%敌敌畏乳油2 000倍液喷雾防治。

十七、眼斑芫菁和大斑芫菁

分布区域 在各花生栽培区均有发生。

为害作物情况 为害豆类、花生、棉花和苹果等，喜食、为害花器。

形态特征与识别 成虫体长 10～18 毫米，黑色，密被长毛，触角第十一节基部不收窄，鞘翅基部有 2 黄斑较小，下方有 2 条黄色横带。近似种大斑芫菁形态、习性似眼斑芫菁，但体较大，长约 29 毫米，触角第十一节明显窄于第十节，翅基部

2黄斑较大。

生活习性与发生规律 在南方1年发生1代，7～9月份为害最严重。

防治措施 ①水旱轮作，冬季深耕，使越冬幼虫冻死或被天敌杀死。②成虫点、片发生时，用80％敌敌畏乳油2 000倍液喷雾防治。

十八、绿芫菁

分布区域 在各花生栽培区均有发生。

为害作物情况 为害豆类、花生、油菜、绿肥、梨等。

形态特征与识别 成虫体长约20毫米，蓝绿色，有闪光，胸侧隆起。

生活习性与发生规律 在江西省1年发生1代，成虫3～5月份出现为害，宁夏回族自治区7月上旬成虫较多。

防治措施 参照豆芫菁。

十九、大造桥虫

分布区域 在各花生栽培区均有发生。

为害作物情况 为害豆类、花生、棉、柑橘等，并寄生在艾、小蓟等杂草上。幼虫食叶成缺刻，严重时可吃光叶片。

形态特征与识别 成虫体长15～16毫米，翅展38～45毫米；前翅灰黄褐色，外缘线，由半月形点列组成，亚外缘线、外横线、内横线为黑褐色波状纹，中横线较模糊，肾纹四周有黑褐色圈。卵长椭圆形，直径约0.7毫米，初产时呈青绿色，渐变为黄绿色，孵化前灰白色，表面有许多小粒状突起。幼虫有5龄，体色变异较大，幼龄灰黑色，渐变为青白色，老熟时体长约40毫米，青白色、灰黄色或黄绿色；头较大，有暗色点状纹，背线、基线及腹线为淡蓝色或紫褐色宽带，节间浅黄色，腹部第二节背中央近前缘处，有1对深黄褐色毛疣，腹足仅有第六腹节上的1对，尾足1对。蛹长约14毫米，黄褐色，臀棘上有2刺。

生活习性与发生规律 在江浙地区1年发生4代，部分地区发生五代。以蛹在土中越冬，4～5月间羽化为成虫。各代成虫盛期为：4月中旬、6月下旬、7月下旬、8月下旬，若发生第5代，则成虫在11月上旬出现。成虫日伏夜出，飞翔力弱，趋光性强，羽化后1～3天交尾，再过1～2天开始产卵，卵产在土缝或土面，平均每雌可产816粒。第一代幼虫孵化后常先为害豆类，再转入棉田为害，幼虫不活泼，常拟态似嫩枝状。

防治措施 ①冬耕时消灭土中越冬蛹。②成虫盛期用黑光灯诱杀成虫。③在幼虫3龄前，每百株有虫50头以上时喷药防治。

二十、蓟　马

分布区域 丝带蓟马在南方花生栽培区发生较多。端带蓟马在南方花生栽培区有发生，但数量较丝带蓟马少。

为害作物情况 成虫和若虫用锉吸式口器锉破花生嫩叶和花器，吸取汁液，叶片被害处呈黄褐色凸起小斑。被害重的叶片变狭变小，或上卷呈"狗耳"状；被害轻的叶片扭曲不平，花器被害可凋萎和脱落。除为害花生外，尚为害紫云英、苕子等。端带蓟马为害习性与丝带蓟马相似。

形态特征与识别 丝带蓟马雌成虫体长约1.3毫米，黑褐色，触角8节，灰褐色，但第三节黄色，以第六节最长，单眼间鬃很长，在单眼三角连线外缘，胸部暗黄褐色，前胸后缘角有1对长鬃；前翅淡灰色，中部和端部有2个暗色横带；纵脉2条，上脉端鬃2根，基部鬃约13根，下脉鬃13～15根，前足黄色，中后足仅跗节黄色，腹部粗肥，第八腹节末端仅两侧有栉齿，腹末有长鬃多根，产卵器刀状，黄色，尖端向下弯。雄虫体长约1毫米，黄褐色，足淡黄色，触角第三节和第四节基部淡色。若虫淡黄色，无翅。端带蓟马成虫体长约1.5毫米，暗褐色，触角8节、全黑褐色，以第三节和第四节最长；单眼间鬃在单眼三角连线内方；前足仅胫节和跗节黄色，中后足跗节也为黄色；前翅暗灰黄色，基部和近项部有2条淡色横带，上脉端鬃2根，基部鬃15～20根，下脉鬃约18根。若虫淡黄色。

生活习性与发生规律　广东省春花生从3～5月份连续发生为害，早播受害重，花期前后为害最重。夏花生7～8月间发生，秋花生9～10月份发生严重。冬季转移到绿肥作物上为害。冬春少雨，干旱天气发生多。

防治措施　①铲除田边杂草。②用40％乐果乳油500～800倍液喷杀，或用毒饵在早露未干时撒施。

二十一、花生卷叶螟（豆螟）

分布区域　在各花生栽培区均有发生。

为害作物情况　寄主有花生、大豆、扁豆、豇豆、菜豆、绿豆、小豆、苕子和红花草等。

形态特征与识别　成虫体长约11毫米，翅展约24毫米，前翅前缘土黄色，其余灰褐色，具金属光泽，上有半透明白斑3个；后翅白色半透明，有3～4条淡灰色线纹，外缘有一淡灰褐色宽带。卵扁平椭圆形，长约7毫米，初产时呈乳白色，渐变为淡黄色，表面有多角形刻纹。幼虫体长约22毫米，绿色，各节背面具绿色或褐色毛片多个。蛹体长约11毫米，青褐色;丝茧白色,长约18毫米。

生活习性与发生规律 陕西省武功县1年4～5代,在福建省和台湾省1年发生6～7代。南方全年各态均有。成虫日伏夜出,产卵在叶片、叶柄、花蕾和嫩荚上,散生。幼虫吐丝卷缀花生叶片为害,食成孔洞或缺刻,对豆类多蛀食花蕾和嫩荚,能转移为害,老熟后在花生叶间结茧化蛹,或在土中化蛹。福建省晋江地区以春花生被害最重。

防治措施 掌握在成虫产卵盛期和幼虫孵化盛期喷洒80%敌敌畏乳油1000倍液防治,卷叶后防治效果差。

二十二、花生黄卷叶螟

分布区域 在南方花生栽培区有发生。

为害作物情况 以幼虫吐丝卷缀花生叶片为害。除为害花生外,还可为害豇豆、大豆和菜豆等多种豆类作物。习性与豆螟相似。

形态特征与识别 成虫体长约10毫米,翅展约22毫米,全体大致橙黄色,复眼黑色,前翅外缘具暗棕色宽带,翅中部有2个暗褐色相连的大斑,其上方有3个黑色短横条;后翅前缘银白色,外缘和中央亦各有一暗褐色带。幼虫老熟时体长约16毫米,绿色,头部及前胸盾黄褐色,单眼及口器黑褐色,前胸侧面有一“!”形横黑纹;全体疏生细长刚毛。

防治措施 掌握在成虫产卵盛期和幼虫孵化盛期喷洒80%敌敌畏乳油1000倍液防治,卷叶后防治效果差。

二十三、小绿叶蝉

分布区域 在安徽省和广东省等南方花生栽培区有发生。

为害作物情况 成虫和若虫吸食花生嫩叶汁液，使叶片萎缩，叶正面端部发黄、下卷，叶背面发白。严重时全叶发黄，端部焦枯，植株矮化。除为害花生外，尚为害葡萄、桑、茶和松树。在花生上常与小字纹小绿叶蝉及假眼小绿叶蝉等混合发生。

形态特征与识别 成虫体长 3.5～4 毫米，黄色至黄绿色，头冠中长，略短于两复眼间的宽度，中域有 2 绿色小斑点，头部前缘假单眼周围有绿色圈，头部及前胸背板均无淡白色斑点，小盾板中间及端部有淡白斑；前翅近透明，端部略带烟褐色，第一和第二分脉基部分离，胸足胫节端部及跗节绿色。雄虫下生殖板长，三角形，端部圆而稍弯曲，具生适度细小毛。若虫黄绿色，腹部各节着生白色细毛。

生活习性与发生规律 广东省一年四季均可为害花生。春、秋花生小绿叶蝉多与蓟马同时发生，夏花生如遇干旱发生更重，秋花生较春花生被害重。发生期可延至 11～12 月份，冬花生在 1～2 月份已发现受害。

防治措施 在越冬成虫产卵前，集中在紫云英等植物上为害时喷药防治。

二十四、豆天蛾

分布区域 各花生栽培区都有发生，以黄淮一带及湖北省受为害较重。

为害作物情况 为害大豆等豆科植物。幼虫食叶成缺刻，严重时将豆叶吃光。

形态特征与识别 成虫体长 40～45 毫米，翅展 100～120 毫米，黄褐色，前翅狭长，有 6 条波状横线，前缘中部有 1 个半圆形淡色斑，翅顶有 1 个三角形暗褐色斑；后翅近前缘深褐色，其余部分黄褐色。卵椭圆形或球形，长2～3毫米，初产时呈黄白色，孵化前变为褐色。幼虫有5龄，1龄头部圆形，2～4龄头部三角形，有头角；2龄头宽约2毫米，3龄约3毫米，4龄5.5～6毫米。5龄幼虫头部弧形，无头角，体黄绿色，长约83毫米，表面粗糙，第一至第八腹节两侧有黄色斜纹，胸足基部及内侧为黄色，外侧为橙色，气门白色，尾角黄绿色。蛹体长约50毫米，红褐色，头部口器突出，略呈钩状，腹末臀棘呈三角形。

生活习性与发生规律 在安徽以北地区1年发生1代，在江西省1年发生2代，以幼虫在土中10厘米左右越冬，以田埂、坟地等向阳处最多。1年发生1代的地区6月份幼虫移至土表，做土室化蛹，7～8月份羽化为成虫。成虫有趋光性，白天潜伏在豆田附近洋槐、谷子、高粱、玉米等植株上及其他荫蔽处，较易捕捉，豆地极少发现；傍晚开始到豆地活动。飞翔力强，卵多产在豆株上部第三、第四叶附近叶片背面，1叶只产1粒，每蛾平均产卵350粒左右。幼虫7月下旬至8月上旬为发生盛期；幼虫有背光性，白天多在叶背或枝茎上，夜间食害最严重，阴天可整日食害。第一和第二龄食量小，不迁移，第三和第四龄食量剧增，并转株为害。1年发生2代的地区第一代成虫5～6月份出现，全年以8月中下旬第二代幼虫为害大豆最严重。

防治措施 ①产卵盛期释放赤眼蜂。②人工捕蛾和4龄以后幼虫。③豆茬地随犁拾虫。④1～3龄期用敌敌畏乳油对水喷雾防治，喷药宜在下午进行。4龄以后防治该虫，药效差。

二十五、银纹夜蛾

分布区域 在各花生栽培区都有发生。

为害作物情况 食性杂，主要为害大豆、花生和十字花科蔬菜等。初龄幼虫取食叶片，使叶片呈网膜状，长大后可食尽上部嫩叶，造成大豆落花落荚，或籽粒不饱满。

形态特征与识别 成虫体长约 16 毫米，翅展约 34 毫米。前翅深褐色，内横线为双线白色，分 2 段：一段由前缘向外后方斜插，一段由后缘向外前方斜插。亚外缘线黑色，锯齿形；翅中央有一马蹄形银边褐斑，其外后方有一半圆形银斑，体色深浅变异较大。卵馒头形，初产时呈乳白色，后变为乳黄色，直径约 1 毫米。幼虫体长 26～31 毫米，深绿色，头部和两颊常有 1 条黑色斜纹。体前端较细，后端较粗，第一和第二对腹足退化，行动像尺蠖；背线、亚背线白色，其间有 6 条白色纵纹，气门线白色，上有深色边，气门黄色，边缘黑褐色，雄虫胴部第八节背面有一对淡褐斑，雌虫无。蛹体长 15～16 毫米，绿色，第四和第五腹节背面节间褐色、较宽，羽化时头部和翅呈暗褐色。茧丝质较薄，白色。

生活习性与发生规律 在河北省、山西省北部 1 年发生 2 代，部分地区 1 年发生 1 代。山东省 1 年发生 5 代，以蛹茧在大豆枯叶上越冬。在山东省第一代和第五代为害春、秋十字花科蔬菜，第二代为害春大豆，第三代为害夏大豆，以第三代为害最重。成虫日伏夜出，卵散产在叶背，以植株中部最多。初孵幼虫能吐丝下坠，随风传播，幼虫多在夜间为害，老熟后在叶背结茧化蛹。温度高、雨量适中时发生重，低温多雨年份发生轻。生长丰茂豆田被害较重。

防治措施 掌握在幼虫 3 龄前，百株有虫 50 头以上时喷药防治。

二十六、云纹夜蛾(鱼藤毛胫夜蛾)

分布区域 在南方花生栽培区有发生。

为害作物情况 幼虫为害大豆、花生、鱼藤等,成虫为害柑橘等果树,吸吮果汁,使果实品质变劣。

形态特征与识别 成虫体长19～22毫米,翅展47～50毫米;前翅棕色,有黑色斑纹,外横线黑色,呈云状弯曲,肾纹灰棕色,不清楚;环纹为褐色小圆点,内横线为一棕色宽带,其内缘色淡;后翅黄褐色,外缘线黑色,中后部有一黑斑,亚外缘线为一黑色带,后端分成2条波状线,外横线黑褐色。卵半球形,直径约1毫米,乳白色,微青,以后渐变为乳黄色。幼虫体长约50毫米,细长,蛇形。体色有变异。一般头部黄褐色,有许多纵纹,胴部土黄色,亚背线与气门线为紫褐色细点线,腹面紫褐色,第一腹节亚背面有一黄白色眼形斑,腹足2对,尾足1对,尺蠖形。蛹体长20～24毫米,紫褐色,被有白粉,腹末有钩刺4对,中间2对较粗,背面及两侧的较细,第七腹节腹面有腹足疤1对。

生活习性与发生规律 在山东省大豆田1年发生3代;第一代发生在7月间,主要为害麦茬豆及部分春大豆,第二代发生在8月中旬至9月上旬,第三代发生在9月中旬至10月初,都为害夏大豆。河南省开封地区以7月中旬发生较重。幼虫不活泼,行动迟缓,老熟时缀叶做成叶苞化蛹。

防治措施 参照银纹夜蛾。

二十七、大豆小夜蛾(坑翅夜蛾)

分布区域 在各花生栽培区均有发生。

为害作物情况 为害大豆、花生、甘薯等。幼虫取食叶片,使叶片成孔洞,甚至吃光,造成大豆落花、落荚,籽粒不饱满。

形态特征与识别 成虫体长10～11毫米,翅展23～26毫米。前翅暗红褐色,前缘有5～6个小黄点,外缘有1列白色新月形纹,亚外缘线、外横线、内横线、基线都是暗色带白色点线,后两横线为不明显的双道线;肾纹呈"8"字形白圈,或后圈为黄白色斑;后翅暗红褐色,近基部色较淡。卵乳白色,扁球形,直径约0.5毫米,卵面有格子纹,着生许多端部楔形的刚毛。幼虫体长28～31毫米,细长,绿色,仅有腹足2对,行动像尺蠖;头部黄绿色,布满小黑点(即刚毛着生处);背线为黄白色点线,亚背线、气门线和节间都是黄色;老熟时,头部具深紫色网纹,身体背面和体线变紫红色,腹面绿色。蛹体长9～12毫米,黄褐色,腹部5～7节;背面与腹面前缘有刻点数排,腹末钝圆,着生小刺1对,尖端微弯。土茧椭圆形。

生活习性与发生规律 在山东省1年发生3代,部分地区1年发生4代,江西省1年发生5代,以蛹在土中越冬。山东省越冬代成虫6月中旬出现,第一代幼虫在6～7月份为害春大豆和早播夏大豆,第二代和第三代幼虫分别在7～8月份和8～9月份为害夏大豆。成虫日伏夜出,卵多散产在植株上中部叶片的背面,每叶可达10粒以上,产卵适温为21℃～28℃,低于20℃不产卵,每雌可产卵416粒。幼虫在叶背,行动活跃,蛹在表土下10～40毫米处。

防治措施 参照银纹夜蛾。

二十八、豆小卷叶蛾

分布区域 在北方各花生栽培区均有发生。

为害作物情况　为害大豆、花生及其他豆科作物。幼虫吐丝卷叶食害大豆及花生嫩顶，或缀合豆荚，蛀成空壳。

形态特征与识别　雄成虫体长 7～9 毫米，翅展18～20 毫米；雌成虫体长 6～7 毫米，翅展 16～18 毫米。雄蛾前翅淡灰褐色，雌蛾的呈棕褐色。外缘前方稍凹入，前缘部分有18～20 组黑褐色短斜纹，中室外侧有一较大黑褐斑，臀角内上方纵列 3 个黑点，顶角附近有黑点 2 个。卵呈卵圆形，扁而薄，但中央较厚，长 0.65 毫米，初产时呈白色、微黄，上有网纹，随后出现红点，逐渐变为褐色。幼虫有 5 龄，老熟时体长 10～14 毫米，淡黄色，身体刚毛较长，头部、前胸盾和臀板淡褐色，复眼后有一楔形黑纹，腹足趾钩双序全环，臀足趾钩双序缺环。第十腹节末端有黑褐色臀栉，上有 5～8 齿。蛹体长 7～9 毫米，黄褐色，腹部第二至第七节背面各生齿列 2 列，末端有钩毛 8 根。

生活习性与发生规律　在陕西省武功地区 1 年发生 4～5 代，多以幼虫（少数以蛹）在豆田土中越冬。4～5 月间，越冬代成虫在草木樨、苜蓿及其他冬播豆类上产卵；5～6 月间出现第一代成虫，为害春播大豆；7～8 月间及 9～10 月间第二代和第三代成虫都为害夏播大豆，10～11 月份第四代成虫在秋播豆类、苜蓿等杂草上产卵，以第五代幼虫越冬。成虫趋光性强，对糖醋液无趋性，日伏夜出，卵散产在平滑少毛的叶背面，在豆苗上的第一对真叶上产卵较多；在大株上产在下部老叶茸毛间隙之间。幼虫孵化后要长距离爬行到上部幼芽嫩叶上才能取食，幼虫 2 龄前不活泼，3 龄后受惊能迅速后退。在河南省新乡地区 9 月份，幼虫为害花生嫩顶，影响生育。

防治措施　①豆田进行冬灌，可提高越冬虫死亡率。②参照大豆食心虫。

二十九、花生卷叶麦蛾

分布区域 在南方花生栽培区有发生。

为害作物情况 为害花生、大豆、绿豆、黑豆、紫云英、草决明、青葙、天泡果、刺苋和龙葵等。以幼虫潜叶或卷叶为害，取食叶肉，在叶片上留下红褐色网状薄膜，使叶片皱缩或枯落，严重时全田一片红色。

形态特征与识别 成虫体长 4～6 毫米，翅展 8～12 毫米，雌虫较雄虫大，下唇须呈"八"字形向上弯翘；前翅灰褐色，有金属光泽，翅端黑褐色，缘近端部 1/3 处有一白斑，后缘也有一不明显白斑；翅中部距基部 1/3 处有一黑斑，外有白晕；后翅顶角突出，外缘和后缘均有长缨毛。雌蛾腹末呈椭圆形开口，雄蛾的呈尖圆形。卵长约 0.35 毫米，长椭圆形，淡绿色，半透明，表面有网格纹。幼虫有 5 龄，老熟时长 6～8 毫米，头部黑褐色，前胸盾黑色有光泽，正中有一黄色纵线，胸足基节内侧有黑环，其他各节为黑色，胴部黄白色，有黑色小毛片；腹足趾钩双序 2 横带。蛹长约 5 毫米，黄褐色，密被线毛，前翅末端伸达腹部第五节后缘，后足与翅等长，腹端有一组尾钩，雄蛹腹部第四至第五节间有一紫红斑，羽化前蛹色加深，不易看出。

生活习性与发生规律 1 年约发生 10 代，以蛹在收获后的秋花生藤蔓中及田间落叶遗藤中越冬。广东省电白地区第一代成虫在 1 月上中旬羽化，幼虫 2～3 月间为害黄豆。以后各代相继为害春花生、夏花生、夏黄豆、秋花生和冬黄豆等，全年不断。在广西壮族自治区冬季主要为害绿肥植物。成虫日伏夜出，趋光性弱，卵多集中散产在心叶及附近叶片上，正、反面都有。幼虫极活泼，喜食嫩叶，吐丝缀连心叶成卷叶型虫苞，在老叶上幼虫先潜叶，3 龄后做夹叶型虫苞。被害叶开始干枯时，其中的幼虫便爬出，另卷新叶，每虫可卷缀叶苞 2～4 个。开花结荚期最有利于幼虫发育。广西壮族自治区 10 月间，花生花荚期被害最重。高温干旱气候发生重。

防治措施 ①合理轮作换茬。②花生收后及时处理藤蔓，翻耕浇水，消灭越冬虫。③掌握在幼虫低龄期喷药防治。药剂可用 80%敌敌畏乳油 1 000 倍液。

三十、古毒蛾

分布区域 在北方花生栽培区有发生。

为害作物情况 为害大豆、花生、苜蓿、苏子、苹果、白桦、枫、柳及落叶松等。以幼虫食害叶片，低龄幼虫取食叶肉后使叶片呈网膜状，长大后食成孔洞或缺刻，直至食光。

形态特征与识别 雄成虫体长 10～12 毫米，翅展 25～30 毫米，前翅暗褐色，有 3 条 S 状深色横纹，后角附近有一弯月形白斑；后翅鲜橙褐色。雌蛾体长约 14 毫米，污白色，纺锤形，肥大，密生肥白色短毛，翅极短小。卵鼓形，直径约 0.8 毫米，淡青白色，顶盖中央凹入呈淡黑色。幼虫有 5～6 龄，1 龄幼虫体长 2～5 毫米，灰色，体背有黑色疣突；3 龄后第一至第四腹节背面出现竖立的刷状毛束，灰黑色或黄白色。5 龄幼虫长约 25 毫米，头部黑褐色，胸背淡黄绿色，两侧灰色，腹部灰色，第一至第四腹节背面着生嫩黄色刷状毛束，第五至第七腹节背面为橙色，有倒“八”字形黑纹，第六和第七腹节背面有红色翻缩腺，胴部各节着生橙红色毛疣，上生白毛或黑色长刺毛；前胸背两侧角毛疣呈鲜红色，各着生斜伸的黑色长毛束，第八腹节亦有 1 束黑色和棕色长毛。6 龄幼虫的体色更淡，头部呈污黄绿色，腹部第二节有向两侧平伸的黑色毛束。蛹淡青白色，雄蛹长9～10毫米，雌蛹长约14毫米，均着生白色短毛束，臀棘褐色，有多数钩刺。丝茧淡灰黄色，杂以幼虫体毛。

生活习性与发生规律 辽宁省南部1年发生3代，以卵在附着于寄主枝干上的雌成虫茧表面越冬。越冬代幼虫5月上旬孵化，成虫6月上旬出现，第一代幼虫期在6月中下旬，7月下旬第一代成虫羽化；第二代幼虫期在8月上中旬，成虫在9月中旬羽化。幼虫一般不群栖，分散为害，雄成虫白天活动，找雌虫交配，雌成虫交配后在茧壳外产卵，每块卵200～300粒。

防治措施 ①冬季采茧灭卵。②严重时喷药杀虫，用药参照大豆毒蛾。

三十一、新黑地珠蚧

分布区域 新黑地珠蚧是河南省农科院开封花生所近年来发现的花生害虫，在河南省花生产区为害有逐年加重的趋势，个别产区已导致花生大面积绝收。

为害作物情况 其主要寄主有花生、大豆、棉花及多种杂草。

形态特征与识别 新黑地珠蚧，属同翅目，硕蚧科，有成虫、卵、幼虫和蛹4个虫态。雌成虫乳白色，近椭圆形，身体柔软，体表多皱褶，外被黄褐色柔毛，无口器，足3对。雄成虫黑褐色，体长2～3毫米，前翅发达，后翅成为平衡棒；头小，1对红色复眼很大，胸部宽大，前胸很宽，后胸很窄；可短距离飞翔，腹末有1丛长2.5～4毫米的白色蜡丝。卵乳白色，长椭圆形，随着卵内胚胎发育颜色逐渐加深。1龄幼虫为油黄色，长椭圆形，体长1毫米左右，眼呈红色，足及触角正常。2龄幼虫呈浅褐色，米粒状，圆珠形，直径1.5～6毫米，寄生口处落凹；体表被蜡层，足及触角消失，口器发达。蛹初为乳白色，后变黄褐色，体形长而略扁，体长3毫米左右；触角、足、翅芽均裸露。

生活习性与发生规律 一般1年发生1代，以球体(2龄幼虫)在10～20厘米深的土壤中越冬。第二年5月份开始羽化为成虫，交配产卵，卵期20～30天。6月上中旬开始孵化，6月下旬是1龄幼虫孵化盛期，1龄幼虫在土表很活跃地游走，寻找寄主，是防治的关键时机。1龄幼虫在土表寻找到寄主后，钻入土中，将口针刺入花生根部，并固定下来吸食为害。蜕皮后变为2龄幼虫，呈圆珠形，失去活动能力。随着大量吸取花生根部营养，球体逐渐膨大，颜色逐渐变深。7月上中旬是2龄幼虫为害始盛期。8月上旬逐渐形成球体。9月份花生收获时，大量球体脱离寄主，随花生腐烂的根系落入土壤中开始越冬。少数球体随花生棵带入场院，混入种子或粪肥中越冬。

为害特点 新黑地珠蚧以球形体寄生在花生根部吸食营养为害。花生被害后，轻者植株矮小，变黄，生长不良；重者枯萎死亡。受害植株很似"病害"。地下部根系腐烂，结果少且秕，收获时荚果易脱落。干燥疏松的沙质土壤为害严重；黄壤土、黏壤土中数量很少，为害则很轻。6月下旬1龄幼虫孵化盛期，此时雨量偏多，直接影响幼虫的活动，为害轻；反之，则重。

连年重茬，害虫在土壤中连年积累，发生重；合理轮作倒茬，发生则轻。管理粗放，田间杂草丛生，为害重。

防治措施 ①合理轮作换茬。减少土壤中的越冬害虫基数，减轻为害。②产卵及卵孵化期，深中耕除草可破坏其卵室，消灭部分成虫和地面爬行的幼虫，又可消灭部分杂草寄主，减轻为害。③幼虫孵化期，及时浇水，抑制其在地面上爬行、寻找寄主的幼虫活动，并可杀死部分幼虫，降低为害。浇水时结合药剂防治，效果更好。④药剂防治。播种期及生长期药剂防治措施同蛴螬防治。

第三节　花生的主要草害种类及防治技术

杂草不仅与花生争夺养分和水分，影响光照和空气流通、恶化花生的生育条件，而且很多杂草又是传播花生病虫的中间寄主。因此，花生田杂草，除直接影响花生的生长发育外，还间接影响花生的产量和品质。

花生田杂草种类很多，主要危害花生的有马唐、狗尾草、白茅、马齿苋、野苋菜、藜、铁苋菜、小蓟、大蓟、龙葵、牛筋草、画眉草、地锦等一年生杂草和香附子、小旋花、刺儿菜、节节草等多年生杂草。

防治花生田杂草，是促进花生正常生长发育，提高花生产量和品质的主要措施之一。花生生产中，除草一直是栽培管理上的重要环节。应根据花生田杂草的发生种类、危害特点及相应的耕作栽培措施，因地制宜，分别采取农业措施除草、化学除草剂除草、除草塑料薄膜除草以及其他新技术措施除草，进行综合搭配防治，效果更好。

一、主要杂草种类

1. 马唐　俗名“抓地秧”、“爬地虎”，属禾本科一年生杂草，遍布大江南北。在北方花生产区，每年春季 3～4 月份发芽出土，至 8～10 月份发生数代，茎叶细长，当 5～6 片真叶时，开始匍匐生长，节上生不定根芽，不断长出新茎枝。总状花序，3～9 个指状小穗排列于茎秆顶部，每株可产种子 2.5 万多粒。由于生长快，繁殖力特别强，能夺取土壤中大量的水肥，影响花生生根发棵和开花结实，造成大幅度减产。可采用扑草净、都尔、拉索等化学除草剂防除。

2. 狗尾草　俗称"谷莠子"，属禾本科一年生杂草。在我国南北方的花生产区均有分布。茎直立生长，叶带状，长 1.5～3 厘米，株高 30～80 厘米，簇生，每茎有一穗状花序，长 2～5 厘米，3～6 个小穗簇生一起，小穗基部有 5～6 条刺毛，果穗有 0.5～0.6 厘米的长芒，棒状果穗形似狗尾。每簇狗尾草可产种子 3 000～5 000 粒，种子在土中可存活 20 年以上。根系发达，抗旱耐瘠，生活力强，对花生生长影响甚大。可用甲草胺、乙草胺和都尔等防除。

3. 蟋蟀草　俗称"牛筋草"，属禾本科一年生杂草。是我国北方主要的旱地杂草之一，每年春季发芽出苗，1 年可生 2 茬。夏、秋季抽穗开花结籽，每茎 3～7 个穗状花序，指状排列。每株结籽 4 000～5 000 粒，边成熟边脱落，种子在土壤中寿命可达 5 年以上。根系发达，须根多而坚韧，茎秆丛生而粗壮，很难拔除。耐瘠耐旱，吸水肥能力强。花生受其危害减产很大。可采用甲草胺、扑草净等防除。

4. 白茅　俗名"茅草"、"甜草根"，属禾本科多年生根茎类杂草。有长匍匐状茎横卧地下，蔓延很广，黄白色，每节有鳞片和不定根，有甜味，故名甜草根。茎秆直立，高 25～80 厘米。叶片条形或条状披针形。圆锥花序紧缩呈穗状，顶生。穗成熟后，小穗自柄上脱落，随风传播。茎分枝能力很强，即使入土很深的根茎，也能发生新芽，向地上长出新的枝叶。多分布在河滩沙土花生产区。由于它繁殖力快，吸水肥能力强，严重影响花生产量的提高。采用恶草灵加大用药量防除，有很好的效果。

5. 马齿苋　俗名“马齿菜”，属马齿苋科，一年生肉质草本植物。茎枝匍匐生长，带紫色，叶楔状、长圆形或倒卵形，光滑无柄。花 3～5 朵，生于茎枝顶端，无梗，黄色。蒴果圆锥形，盖裂种子很多，每株可产 5 万多颗种子。也是遍布全国旱地的杂草之一。在我国北方，每年 4～5 月份发芽出土，6～9 月份开花结实。根系吸水肥能力强，耐旱性极强。茎枝切成碎块，无须生根也能开花结籽，繁殖特别快，能严重影响花生产量，要及时消灭。采用乙草胺和西草净等化学除草剂，进行地膜覆盖，有较好的防除效果。

6. 野苋菜　种类很多，主要有刺苋、反枝苋和绿苋，俗名“人腥菜”，属苋科，一年生肉质野菜。茎直立，株高 40～100 厘米，有棱，暗红色或紫红色，有纵条纹，分枝和叶片均为互生。叶菱形或椭圆形，俯生或顶生穗状花序。每株产种子 10 万～11 万颗，种子在土壤中可存活 20 年以上。是我国南北方旱地分布较广的杂草之一。北方每年 4～5 月份发芽出土，7～8 月份抽穗开花，9 月份结籽。由于植株高，叶片大，根须多，吸水肥力强，遮光性大，对花生危害严重。地膜栽培时，采用西草净、恶草灵、乙草胺等除草剂均有很好的防除效果。

7. 藜　俗名“灰灰菜”，属藜科，是我国南北方分布较广的一年生阔叶杂草之一。在我国北方 4～5 月份发芽出苗，8～9 月份结籽，每株产籽 7 万～10 万粒。种子可在地里存活 30 多年。由于根系发达，植株高大，叶片多，吸水肥力强，遮光量大，种子繁殖力强，对花生危害特别大。应及时采用乙草胺、西草净、恶草灵防除。

8. 铁苋头　俗名“牛舌腺”，属大戟科一年生双子叶杂草。是我国旱地分布较广的杂草之一。在北方春季 3～4 月份发芽出苗。虽植株矮小，但生活力强，条件适合时 1 年可生 2 茬，是棉铃虫、红蜘蛛及蚜虫的中间寄主，是危害花生的大敌。应在春季采用化学除草剂防除，随时进行人工拔除，彻底清除。用乙草胺、西草净等化学除草剂，防除效果好。

9. 小蓟和大蓟　俗名"刺儿菜"，属菊科多年生杂草。分布全国各地。有根状茎。地上茎直立生长，小蓟株高 20～50 厘米，大蓟株高 50～100 厘米，茎叶互生，在开花时凋落。叶矩形或长椭圆形，有尖刺，全缘或有齿裂，边缘有刺，头状花序单生于顶端，雌雄异柱，花冠紫红色，花期在 4～5 月份。主要靠根茎繁殖，根系很发达，可深达 2～3 米，由于根茎上有大量的芽，每处芽均可繁殖成新的植株，再生能力很强。因其遮光性强，对花生前中期生育影响很大，而且也是蚜虫传播的中间寄主植物。可应用乙草胺、西草净和恶草灵等化学除草剂防除。

10. 香附子　又叫"旱三棱"、"回头青"，属莎草科多年旱生杂草。分布于我国南北方沙土旱作花生产区。茎直立生长，高 20～30 厘米。茎基部圆形，地上部三棱形，叶片线状，茎顶有 3 个花苞，小穗线形，排列呈复伞状花序，小穗上开 10～20 朵花，每株产 1 000～3 000 粒种子。有性繁殖靠种子，无性繁殖靠地下茎。地下茎分为根茎、鳞茎和块茎，繁殖力特强。该草在我国北方 4 月初块茎、鳞茎和少量种子发芽出苗，5 月份大量繁茂生长，6～7 月份开花，8～10 月份结籽，并产生大量地下块茎，在生长季节，如只锄去地上部株苗，其地下茎 1～2 天就能重新出土，故称"回头青"。繁殖快，生活力强，对花生危害大。可用西草净和扑草净防除。

11. 龙葵　俗名"野葡萄"，属茄科一年生杂草，株高 30～

40 厘米，茎直立，多分枝、枝开散。基部多木质化，根系较发达，吸水肥力强。植株占地范围广，遮光严重。龙葵喜光，适宜在肥沃、湿润的微酸性至中性土壤中生长。种子繁殖生长期长，在花生田 5～6 月份出苗，7～8 月份开花，8～9 月份种子成熟，植株至初霜时才能枯死，花生全生育期均可遭其危害。可用乙草胺等化学除草剂防除。

二、农业措施除草

1. 合理轮作 轮作换茬，可从根本上改变杂草的生态环境，有利于改变杂草群体、减少伴随性杂草种群密度，恶化杂草的生态环境，创造不利于杂草生长的环境条件，是除草的有效措施之一，尤其是水旱轮作，效果更好。

2. 深翻土地 深翻能把表土上的杂草种子较长时间埋入深层土壤中，使其不能正常萌发或丧失生活能力。较好地破坏多年生杂草的地下繁殖部分。同时，将部分杂草的地下根茎翻至土表，将其冻死或晒干。可以消灭多种一年生和多年生杂草。

3. 施用充分腐熟的有机肥 有机肥中常混有大量具有发芽能力的杂草种子。土杂肥腐熟后，其中的杂草种子经过高温氨化，大部分丧失了生活力，可减轻危害。所以，施用充分腐熟的有机肥，是防治杂草的重要环节。

4. 地面覆盖麦糠除草 利用麦糠等碎草覆盖花生田地面，既有良好的除草效果，又能起到保水增肥作用。据试验，在花生播种后，杂草出苗前，在露地栽培的花生田，地面撒施麦糠、烂树叶或其他碎烂草覆盖，每公顷均匀撒施 2 500～3 000千克，除草效果达 91.51％。0～20 厘米土壤含水量比不盖草的高 46％，并可提高有机质含量和氮、磷、钾等养分。

就地取材以草除草，无污染、无残留，减少生产投入。此法是生产无公害产品、绿色食品和有机食品花生的最佳除草措施。

5. 中耕除草　花生生长前期结合中耕除草，是常用的基本除草方法，是及时清除花生田间杂草，保证花生正常生长发育的重要手段。花生生长后期以手工拔除为主。

三、化学除草剂除草

使用化学除草剂防治花生田杂草，能大幅度提高劳动生产率，减轻劳动强度。尤其对地膜覆盖花生田进行化学除草，更能收到较好的防治效果。用于花生田的除草剂种类繁多，各有特点，可根据花生田杂草发生的具体情况选择除草剂品种，在使用过程中严格按照使用说明使用，最好在喷施前先小面积试验，掌握最佳用量，以利提高药效，防止药害。

1. 氟乐灵　氟乐灵乳剂，橙红色。又名茄科宁、氟特力。为进口产品，剂型较多。是一种选择性低毒除草剂。氟乐灵施入土壤后，潮湿和高温会挥发，光解作用会加速药剂的分解速度导致失效。适用于播前土壤处理和播后芽前土壤处理。主要防除禾本科杂草。其防除杂草的持效期为3～6个月。氟乐灵有杀伤双子叶植物子叶和胚轴的能力，在杂草发芽时直接接触子叶或被根部吸收传导，能抑制分生组织的细胞分裂，使杂草停止生长而死亡，具有高效安全的特点。无论露地栽培或覆膜栽培一定要先播种覆土后再施药覆膜，以免伤苗。严格按照使用说明标准用药。对水后均匀喷雾于地表，并及时交叉浅耙垄面，将药液均匀混拌入3厘米左右的表土层中。氟乐灵对一年生单、双子叶杂草都有较好的防效。对马唐草、蟋蟀草、狗尾草、画眉草、千金子、稗草、碎米莎草、早熟禾、看麦娘等一年生杂草有显著防效。兼防苋菜等阔叶杂草，为了扩大杀草谱，兼治阔叶类杂草，可与灭草猛、赛可津、灭草丹、拉索、农思它等除草剂混用。每667平方米用48%氟乐灵乳油80～120毫升，对水40～50升后均匀喷雾。

2. 扑草净 国产可湿性白色粉剂，剂型较多。是一种内吸传导型选择性低毒除草剂，对金属和纺织品无腐蚀性；遇无机酸、碱分解；对人、畜和鱼类毒性很低。能抑制杂草的光合作用，使之因生理饥饿而死。对杂草种子萌发影响很小，但可使萌发的幼苗很快死亡。主要防除马唐、稗草、牛毛草、鸭舌草等一年生单子叶杂草和马齿苋等一年生双子叶恶性杂草，及部分一年生阔叶类杂草及部分禾本科、莎草科杂草，中毒杂草产生失绿症状，逐渐干枯死亡，对花生安全。是一种芽前除草剂，于花生播后出苗前使用，田间持效期40～70天。适用于播前土壤处理和播后芽前土壤处理。每667平方米用80%扑草净可湿性粉剂50～70克，对水50升后均匀喷雾。严格按照使用说明标准用药。使用前将扑草净对水后搅拌，使药粉充分溶解，于花生播种后均匀喷于垄面，随即覆盖地膜。其他措施同氟乐灵。扑草净还可与甲草胺混合使用，效果很好。

注意事项：①药量要称准，土地面积要量准，药液喷洒要喷匀，以免产生药害。②该除草剂在低温时效果差，春播花生可适当加大药量。气温高过30℃时易生药害，因此夏播花生要减少药量或不用。

3. 灭草丹 主要防除一年生禾本科杂草及香附子和一些阔叶类杂草，田间持效期40～60天。每667平方米用70%灭草丹乳油180～250毫升，对水50升后均匀喷雾。其他措施同氟乐灵。

4. 乙草胺 又名绿莱利、消草安。为50%乳油制剂，国产新型除草剂。是一种旱田选择性低毒性芽前除草剂，对人、畜安全。主要是抑制和破坏杂草种子细胞蛋白酶。单子叶禾本科杂草主要是由芽鞘将乙草胺吸入株体；双子叶杂草主要是从幼芽、幼根将乙草胺吸入株体。被杂草吸收后，可抑制芽鞘、幼芽和幼根的生长，致使杂草死亡。但花生吸收后能很快将其代谢分解，不产生药害而安全生长。主要防除马唐、稗草、狗尾草、早熟禾、蟋蟀草、野藜等一年生禾本科杂草，对野苋菜、藜、马齿苋防效也很好。对多年生杂草无效。在土壤中的持效期为8～10周。

施用方法：乙草胺为芽前选择性除草剂，必须在花生播种后出苗前喷施于地面，覆盖地膜栽培比露地栽培防效高。覆盖地膜栽培的每667平方米用药量50～100毫升，露地栽培每667平方米用药量150～200毫升，对水50～75升，搅拌使药液乳化。于花生播种后，整平地面，将药液全部均匀地喷于垄面。地膜栽培的，于喷药后立即覆盖地膜；花生出苗后可与盖草能混合使用喷洒地面，既抑制了萌动尚未出土的杂草，又杀死了已出土的杂草，提高防效。

注意事项：①乙草胺的防效与土壤湿度和有机质含量关系很大，覆盖地膜栽培和沙地用药量应酌情减少，露地栽培和肥沃黏壤土地用药量可酌情增加。②对黄瓜、水稻、菠菜、小麦、韭菜、谷子和高粱等粮菜作物敏感，切忌施用。③对人畜和鱼类有一定毒性，施用时要远离饮水、河流、池塘及粮食饲料等，以防污染。④对眼睛、皮肤有刺激性，应注意防护。⑤有易燃性，贮存时，应避开高温和明火。并可与速收混用，扩大杀草谱。

5. 甲草胺 又名拉索、草不绿。剂型较多。是一种播后芽前施用的选择性除草剂，其药效主要是通过杂草芽鞘吸入植物体内而杀死苗株。一次施药可控制花生全生育期的杂草，同时不影响下茬作物生长。对人、畜毒性很小，持效期为2个月左右。主要防除一年生禾本科杂草及异型莎草等。对马唐、狗尾草等单子叶杂草防效较高；对野苋菜、藜等双子叶杂草防效较低。是推广花生地膜栽培以来大面积应用的除草剂之一。甲草胺为芽前除草剂，在花生播种后出苗前按覆盖地膜栽培每667平方米用48%甲草胺乳剂150毫升，露地栽培每667平方米用200毫升。用时对水50～75升均匀搅拌为乳液，充分乳化后喷施。露地栽培的花生播种覆土耙平后至出苗前5～10天均匀喷洒于地面，禁止人畜进地践踏；覆膜的花生要在播种覆土后立即喷药，药液要喷匀、喷严，要把全部药液喷完，然后覆膜，膜与地面要贴紧、压实，以保持土壤温、湿度。土壤保持一定湿度后，更能发挥其杀草效能，因此施用甲草胺的效果覆膜栽培好于露地栽培。南方花生产区气候湿润可露栽施用。北方气候干燥可覆膜施药。

另据试验，对野苋菜、马齿苋、苍耳、龙葵等双子叶阔叶杂草较多的花生田，甲草胺可与除草醚、扑草净等除草剂混用，以扩大杀草谱，提高除草率。

注意事项：①该乳剂对眼睛和皮肤有一定刺激作用，如溅入眼内和皮肤上要立即用清水洗干净。②能溶解聚氯乙烯、丙烯腈等塑料制品，需用金属、玻璃器皿盛装。③遇冷（低于0℃）易于出现结晶，已结晶的甲草胺在15℃～20℃时可再溶化，对药效没有影响。

6. 恶草灵 又名农思它。为进口产品，剂型较多。

(1)*作用与效果* 恶草灵对人、畜、鱼类和土壤、农作物低毒低残留，施用安全。是芽前和芽后施用的选择性除草剂。芽前施主要是杀死杂草的芽鞘；芽后施主要是通过杂草地上部芽和叶吸入株体，使之在阳光照射下死亡。主要防除一年生禾本科杂草和部分阔叶类杂草，对马唐、牛毛草、狗尾草、稗草、野苋菜、藜、铁苋头等单、双子叶杂草都有较好的防效，兼治香附子、小旋花等多年生杂草，对多年生禾本科杂草雀稗也有很好的杀灭效果，总杀草率达94.5%～99.5%。如果土壤湿度条件较好，加大用药量，对白茅草和节节草等多年生恶性杂草，也有很好的防除效果。它在土壤中的持续有效期为80天以上。据试验，花生芽前喷施后，在苗期杀草率达98.1%，开花下针期杀草率达99.4%。恶草灵在苗后喷施对整株的酢浆草和田旋花(打碗花)特别有效。苗后喷施对禾本科杂草不十分有效。

(2)施用方法和注意事项

①施用方法　恶草灵对杂草的防效主要是芽前，因此施药期应在花生播种后出苗前进行，一般不采取芽后施用。覆盖地膜田块由于保持土壤湿润，杀草效果优于露地栽培。每667平方米施药量，以12%恶草灵乳油150～175毫升，或25%恶草灵乳油75～150毫升为宜。对水50～75升，在花生播种后、覆膜前均匀喷于地面。

②注意事项　一是恶草灵对人、畜毒性虽小，但切忌吞服。如溅到皮肤上应以大量肥皂水冲洗干净，溅到眼睛里用大量干净的清水冲洗。二是恶草灵易燃，切勿存放在热源附近。③使用的喷雾器械要充分冲洗干净，才能用来喷施农药。

7. 都尔　又名屠莠胺、杜尔、异丙甲草胺。为进口的72%异丙甲草胺乳油。为覆盖地膜花生大面积应用的一种芽前选择性除草剂。

(1)作用与效果　主要通过芽鞘或幼根进入株体，杂草出土不久就被杀死，一般杀草率为80%～90%。对马唐、稗草、藜等一年生单子叶杂草防效达90.7%～99%。对荠菜、野苋、马齿苋等双子叶杂草，防效为66.5%～81.4%。都尔在花生播前施用后的持效期为3个月。花生封垄后对行间的禾本科杂草仍有防效，3个月后药力活性自然消失，对后茬小麦苗无影响。

(2)施用方法和注意事项

①施用方法　都尔除草剂在花生播种后、覆膜前地面喷施。每667平方米用量以100～150毫升为宜。沙土地或覆膜花生栽培用量可少些；露地栽培或土层较黏的地块及旱作地可多些，水田地花生可少些。每667平方米用适量除草剂对水50～75升搅匀后均匀喷施花生地，要均匀地将药液全部喷完。

②注意事项　一是都尔除草剂易燃，贮存时，温度不要过高。二是严格按推荐用量喷药，以免花生产品出现残毒问题。三是无专用解毒药剂，施用时要注意安全。对一年生禾本科杂草有特效，对部分小粒种子的阔叶杂草也有一定效果。每667平方米用72%都尔120～150毫升。

8. 除草通　主要防除一年生禾本科杂草及部分阔叶类杂草。每667平方米用33%除草通150～250毫升。花生播后芽前除草剂的防除效果与土壤湿度密切相关，土壤湿润时，药剂扩散，杂草萌发齐而快，防除效果好。土壤干旱，墒情差时，药剂不易扩散，防除效果差。因此，在土壤墒情差时，可结合浇水或加大喷水量(药量不变)，提高药效。苗后茎叶喷雾。

9. 速收　主要防除阔叶类杂草及部分禾本科杂草，每667平方米用50%速收8～12克，对水50升，均匀喷于地表。为扩大杀草谱，可与乙草胺、都尔混用。方法为每667平方米用速收4克加乙草胺80～120毫升，或都尔100～120毫升。

10. 高效盖草能 是一种芽后选择性低毒除草剂，主要防除一年生和多年生禾本科杂草，对抽穗前一年生和多年生禾本科杂草防除效果很好，对阔叶杂草和莎草无效。

花生 2～4 叶期，禾本科杂草 3～5 叶期施药。防除一年生禾本科杂草，每 667 平方米用 10.8%高效盖草能 20～30 毫升，喷雾于杂草茎叶。干旱情况下可适当提高用药量。防除多年生禾本科杂草，每 667 平方米用 30～40 毫升。当花生有禾本科杂草和苋、藜等混生，可与苯达松、杂草焚混用，扩大杀草谱，提高防效。每 667 平方米用高效盖草能 20～25 毫升加克阔乐 10～20 毫升，也可用苯达松 100～150 毫升，可防除多种单、双子叶杂草，其他措施同收乐通。

11. 收乐通 主要防除一年生和多年生禾本科杂草，于杂草 2～4 叶期施药。每 667 平方米用 12%收乐通 30～40 毫升，对水 30～40 升。晴天上午喷雾。

12. 稳杀得 主要防除禾本科杂草。每 667 平方米用 35%稳杀得或 15%精稳杀得 50～70 毫升，防除一年生禾本科杂草；80～120 毫升，防除多年生禾本科杂草。为扩大杀草谱，可与克阔乐或苯达松混用。方法同高效盖草能。

13. 克草星 花生田专用除草剂。施药时期为杂草高度 5 厘米以下，花生 2～3 片复叶期。每 667 平方米用 6%克草星 50～60 毫升。其他措施同收乐通。

14. 普杀特 又名豆草唑。系低毒除草剂，为选择性芽前和早期苗后除草剂，适用于豆科作物防除一年生、多年生禾本科杂草和阔叶杂草等，杀草谱广，在花生播后苗前喷于土壤表面，也可在花生出苗后茎叶处理。用药量同乙草胺。在单、双子叶混生的花生田可与除草通或乙草胺混合施用，提高药效。

四、塑料薄膜除草

除草药膜是含除草药剂的塑料透光薄膜。是将除草剂按一定的有效成分溶解后均匀涂压或者喷涂至塑料薄膜的一面。在花生播种后，覆盖土壤表面封闭播种行，然后打孔点播或者破孔出苗，药膜上的药剂在一定湿度条件下，与水滴一起转移到土壤表面或者下渗至一定深度，形成药层发挥除草作用。

使用除草药膜，不需喷除草剂，不需备药械，工序简单，不仅节省工日，除草效果好，药效期长，而且除草剂的残留明显低于直接喷除草剂覆盖普通地膜。

1. 甲草胺除草膜 每100平方米含药7.2克，除草剂单面析出率80%以上。经各地使用，对马唐、稗草、狗尾草、画眉草、莎草、藜、苋等杂草的防除效果在90%左右。

2. 扑草净除草膜 每100平方米中含药8克，除草剂单面析出率70%～80%。适于防除花生田和马铃薯、胡萝卜、番茄和大蒜等蔬菜田主要杂草，防除一年生杂草效果很好。

3. 异丙甲草胺除草膜 有单面有药和双面有药2种。单面有药注意用时药面朝下。对防除花生田的禾本科杂草和部分阔叶杂草效果很好，防治效果在90%以上。

4. 乙草胺除草膜 杀草谱广，对花生田的马唐、牛筋草、铁苋菜、苋菜、马齿苋、莎草、刺儿菜、藜等，防效高达100%，是花生田除草药膜中较理想的一种除草药膜。

5. 有色膜除草 有色膜是不含除草剂、基本不透光的塑料薄膜，有色膜是利用基本不透光的特点，使部分杂草种子不能发芽出土，部分能发芽出土的，不见阳光也不能生长。用于生产的主要有色膜有黑色地膜、银灰地膜、绿色地膜，还有黑白相间地膜等。有色膜除草效果也较好，尤其对防除夏花生田杂草效果突出，据试验，其除草效果达100%。在除草的同时，如银灰膜，还可驱避花生蚜等害虫。黑色膜既可以除草，还可提高地温，增加产量。由于有色膜无化学除草剂，所以无毒无残留，适宜于生产无公害花生、绿色食品花生和有机食品花生，是可持续发展农业的理想产品。

两种膜在覆盖时，花生垄必须耙平耙细，膜要与土贴紧，注意不要用力拉膜，以防影响除草效果。

第八章　彩色花生种子的扩繁和提纯复壮技术

花生所开的花，有 30%～60%的部分不能形成果针；而形成果针的又有一部分不能形成荚果。成熟的花生荚果中又有一部分因种性、饱满度等原因不能做种子。花生又是大粒种子，播种量大。所以，花生繁殖系数低，一般仅为播量的 10 多倍。大面积栽培用种必须靠扩繁培育。

第一节　彩色花生系列原种扩繁技术

由于彩色花生系列品种的原种紧缺，往往需要引进扩繁，才能够大面积推广生产。彩色花生扩繁，必须是从品种育成单位或正规育种单位引进的原原种或原种，才能保持品种特有的种性，才具有扩繁价值。这里介绍两种常用的扩繁技术。

一、单粒稀播扩繁

单粒稀播扩繁技术是加速繁育花生良种普遍采用的一种方法。适用于彩色花生系列中的墨香、紫玉、圣洁、彩纹和白玉等品种。选择地势较高，土层深厚，土质疏松，土壤肥沃，排灌方便，3 年内没有种过花生的地块，根据土壤肥力情况，施足基肥。一般每 667 平方米施足优质腐熟的畜粪肥 3 000 千克、过磷酸钙 30～50 千克、硫酸铵 6～15 千克（或尿素 5～8 千克）、硫酸钾 10～15 千克，于春深翻前一次施入。5 厘米深处地温稳定在 12℃以上时足墒起垄，适时播种。根据土壤肥力、施肥水平和品种特性等基本情况，确定适宜密度，通常是早熟品种垄距40～50厘米，株距13～17厘米，每667平方米种植8 000～9 000株（单粒播种）；中熟品种垄距45～50厘米，株距16～23厘米，每667平方米种植5 500～7 500株（单粒播种）。也可以80～100厘米起垄，每垄2行播种，行距40～50厘米。花生种子要分级播种，因为单粒稀播一般是在种子总量少的情况下采用的快繁措施，所以一、二、三级种子都要充分利用。为保证出全苗，三级种子可以每穴2粒。要精细播种确保全苗，播种后要即时喷施除草剂、覆盖地膜以利于保墒。基本齐苗后，要及时清棵，结合清棵进行第一次中耕，保证清棵质量，使2片子叶露出土面，促进花生蹲苗壮棵。20天后进行第二次中耕，在6月中下旬花生尚未封行前进行第三次中耕，在7月中旬前后花生盛花期培土迎针。花生全生育期，遇旱及时浇水，逢涝及时排水，做好病、虫、害防治等田间管理工作。

二、地膜覆盖一年两季扩繁

地膜覆盖一年两季扩繁技术，要求种子的生育期和休眠期要短。适用于彩色花生系列中的粉玉、棕玉、红豆、雪宝等品种。地膜覆盖一年两季快繁技术，不用特殊技术措施，成本低，繁育倍数高。是充分利用光、热资源的良种繁育技术。

具体操作方法为：选择地势较高，土质深松，土壤肥沃，排灌方便，3年内没有种过花生的地块，冬前深耕30厘米以上，第二年早春再深翻25厘米左右，深翻前按每667平方米3 000千克优质腐熟的畜圈肥、30千克过磷酸钙、硫酸铵6～15千克（或尿素5～10千克）、硫酸钾10～15千克的标准一次施足基肥。播前按垄距80～85厘米、垄高12～15厘米足墒起垄，耙平垄面。要因地制宜选择先起垄覆膜增温后播种，或先播种后覆膜的播种方法。在3月中旬垄面5厘米深处地温稳定在12℃以上时适时播种。每垄2行播种。行距30～35厘米，大行距45～50厘米，株距10～15厘米单粒播种，播深4～6厘米，喷施除草剂，覆盖地膜。在3月下旬待小苗刚露土时，及时开孔放苗，清棵蹲苗，加强田间管理，开花期防止蚜虫。在6月中旬前后，花生九成熟时收获，晒干，作为下季用种。

第二季最好选择刚收割的麦茬地块，施足基肥深翻25厘米左右，足墒起垄，覆膜栽培。在6月中下旬抢时播种，播种密度、栽培方式与第一季相同，但要注意防止高温烧苗而抑制幼苗生长，生育后期要防治叶斑病等病害，防涝排水。9月底前后收获，晒干，备做第二年用种。我国地域宽广、生态类型复杂，要因地制宜选择繁种方法。

第二节　彩色花生种子的提纯复壮技术

花生虽然是自花授粉作物，但不同品种在不同的栽培条件下，都有0.2%～0.5%的少量自然杂交，造成后代产生分离，破坏了品种的一致性。花生用种量大，商品花生种子不便加工包衣，科技含量低，花生大田生产用种主要靠农民自留种及相互调剂，也加重了品种混杂退化。所以，花生种子必须靠不断提纯复壮来保持品种特有的种性。

花生的提纯复壮繁育技术，常采用“二圃制”简易原种繁育技术和四级种子生产技术。简易原种繁育技术程序为：单株选择、株行比较（株行圃）、混合繁殖（原种圃）。非制种单位可以采用“二圃制”简易原种繁育技术，具体程序和方法如下。

选择单株:在种子繁殖田、高产田进行单株选择。要选择株型、叶形、开花习性、成熟性、荚果大小和形态等性状和原品种基本一致的单株。在品种性状一致的基础上,要选择丰产、优质、抗逆性和生长势强,结果率和饱果率高的单株。将筛选的优良单株顺序编号。经过精选的优良单株,既能保持原品种的优良种性,又能使品质得到改良和提高。

土地选择:制种不宜春播,茬口最好应选用3年内没有种过花生的油菜茬、蔬菜茬或小麦茬。采用垄作覆膜栽培技术。

建立株行圃:第二年建立株行圃,进行株型比较。将上年精选的每个单株的种子,视种子量的多少,每个编号要单独、单粒播种1～2行。每隔20行播种1行原品种作对照,以便对比评选。每行长度一般为6～10米。在各个主要生长发育阶段,要观察比较,收获时综合分析鉴定,表现不好的要全部淘汰,符合标准要求的作为当选株系,混合留种。其中特别注意筛选出表现特别优异的变异单株,要单独收获、贮藏,作为选育新品种的资源材料。很多新品种就是在提纯复壮时选育而成的。

建立原种圃:第三年建立原种圃,混系繁殖。将上年通过比较鉴定后,和原品种保持种性一致,混合收获的种子播入原种圃,扩大繁殖。为加速种子繁殖,也可采用单粒稀播高产高倍繁殖技术,提高繁殖系数。

"二圃制"简易原种繁育土地的深耕、施肥、田间管理等工作与原种扩繁要求相同。"二圃制"原种繁育技术的优点是方法简易,可较快地生产大量原种,适合农户和小型原种场自选留种。"二圃制"是在提纯复壮的同时筛选培育新品种的最佳措施。

四级种子生产程序常用于组织制种、品种试验、种子生产等，有花生基础种，原原种，原种，引进优种，繁育大田生产用种。由于种子生产程序经过育种家种子—原原种—原种—生产种 4 个过程，统称四级种子生产程序，这是当前普遍采用的良种繁育路线。其优点是：从根本上抓住种源，确保种子纯正优良；减少繁殖世代，较好地保持良种纯度和种性，延长品种使用年限；繁育中只需要按品种的典型性严格去杂保纯，操作简便，经济省工；减少因选择标准不统一而出现的差异，使品种标准整齐一致，能确保种子的纯度。

附　录

附录1　彩色花生系列品种优质高产栽培技术标准

前　言

彩色花生系列品种，是河北省磁县科学技术协会高级农艺师王保圣等同志，在30多年的基层农技推广服务中，收集花生变异品种，经提纯复壮并结合现代育种技术，培育出的果仁外衣颜色各异的彩色花生系列新品种，经农业部谷物品质监督检验测试中心检验测定，其营养成分含量各具特色，具有功能型保健食品的特点。为了便于应用推广，特制定本试行标准，各地在试行中如有改进意见，请及时反馈给我们，以便修订时改正。

本标准为推荐性试行标准。

本标准由河北省农业产业协会经济作物专业委员会提出并解释。

本标准起草单位：河北省磁县经济作物专业协会

本标准起草人：王子峰　王保圣　王秀荣　王子娟　王成丹

彩色花生系列品种优质高产栽培技术标准

1. 范围　本标准规定了彩色花生系列品种优质高产栽培的基础条件、品种、栽培、种子质量、收获、贮存的技术要求。

本标准适用于北纬40°以南地区的(春播地膜保护地,露地,间、套作)彩色花生系列品种栽培时使用。

2. 规范性引用文件　下列文件中的条款通过本标准的引用而成为本标准的条款。凡是注日期的引用文件,其随后所有的修改单(不包括勘误的内容)或修订版均不适用于本标准,然而,鼓励根据本标准达成协议的各方研究是否可使用这些文件的最新版本。凡是不注日期的引用文件,其最新版本适用于本标准。

GB/T 1532—1986　花生果

GB 4285—1989　农药安全使用准则

GB 8321.4—1993　农药合理使用准则(四)

GB 4407.2—1996　经济作物种子(油料类)

GB/T 8321.5—1997　农药合理使用准则(五)

GB/T 8321.1—2000　农药合理使用准则(一)

GB/T 8321.2—2000　农药合理使用准则(二)

GB/T 8321.3—2000　农药合理使用准则(三)

GB/T 8321.6—2000　农药合理使用准则(六)

NY/T 420—2000　绿色食品花生(果、仁)

NY/T 496—2002　肥料合理使用检测通则

3. 定义

3.1 彩色花生系列品种　由河北省磁县经济作物专业协会培育的花生系列新品种,花生种衣(花生果仁外皮)分别为白、黄、粉、红、紫、棕、黑、黑白双色、红白双色、双色条纹等颜色。

3.2 地膜覆盖栽培　选用透明度好的农膜覆盖地表种植花生,能对耕作层起到增温、抗旱、防涝、保墒,提高土壤肥力,改善土壤理化性状的作用。

3.3 露地栽培　直接在适宜的土壤耕作层里种植花生，地表面不采取保护措施。

3.4 间作花生　在同一地块，按一定的行数行距比例同时或间隔不久，种植花生与其他作物，以充分利用光能与地力。间作是获得复种产品或增加单位面积总产量和总收益的种植方式。

3.5 套种花生　在前茬作物生长后期的行间播种花生。能充分利用生长季节，提高复种指数，达到多种作物换茬连作的一项增产措施。

3.6 种子纯度　品种的一致性。种子的纯度愈高生长愈整齐一致，愈能发挥良种的增产作用。种子纯度(%)＝[(供检种子粒数—异品种种子粒数)/供检种子粒数]×100%。

3.7 种子发芽势　供测试种子在 48 小时内种子胚根能长到 3 毫米以上的发芽粒数与供试种子粒数的百分率为发芽势。发芽势(%)＝[发芽种子粒数(48 小时)/供试种子粒数]×100%。

3.8 发芽率　供测试种子在 72 小时内种子胚根能长到 3 毫米以上的发芽总数与供试种子粒数的百分率为发芽率。发芽率(%)＝[发芽种子粒数(72 小时)/供试种子粒数]×100%。

3.9 早熟品种　春播露地栽培，从播种到成熟的生育天数在 130 天以下，为早熟品种。全生育期需有效积温 2 800℃～3 000℃。地膜覆盖栽培可早熟 10～20 天。彩色花生系列彩纹、墨香、圣洁、紫玉、白玉的生育期在 130 天以下为早熟品种。彩色花生系列雪宝、棕玉、红豆、粉玉的生育期分别为 120 天、110 天和 100 天均为早熟品种。

3.10 中熟品种　春播露地栽培，从播种到成熟的生育天数 130～160 天的品种为中熟品种，全生育期需有效积温 3 000℃～3 200℃。地膜覆盖栽培可早熟 10～25 天。

3.11 晚熟品种　春播露地栽培，从播种到成熟的生育天数 160 天以上为晚熟品种，全生育期需有效积温 3 200℃～3 600℃。地膜覆盖栽培可早熟 10～30 天。

3.12 大粒种花生　花生种子百粒重 70 克以上为大粒种。

3.13 中粒种花生　花生种子百粒重 50～70 克为中粒种。

3.14 小粒种花生　花生种子百粒重 50 克以下为小粒种。

3.15 播种方法　彩色花生系列品种以垄播为宜，沙质土不易起垄时可用畦播或平播的播种方法，但产量不及垄播高。

3.16 栽培密度　根据不同土质、不同肥力、不同品种，每 667 平方米适宜播种的粒数（单粒播种）、穴数（双粒播种）。

3.17 最适温度　23℃～28℃是花生生长发育过程中最适宜的温度。

3.18 最高温度　花生生长发育过程中所能耐受的高温极限值。

3.19 最低温度　花生生长发育过程中所能耐受的低温极限值。

3.20 有效积温　花生生长期间大于 15℃的日平均温度之和，一般为 2 600℃～3 600℃。

3.21 出苗期　从花生种子播种到 50%的幼苗出土，并展开第一对真叶时，为花生的出苗期。出苗期受栽培方法、地温高低、土壤湿度影响，这段时间一般在 10 天左右，4～16 天之间。

3.22 苗期　花生从50%的幼苗出土到50%的植株第一朵花的开放为苗期，花生苗期的长短因品种和环境条件不同而异，一般为25天。

3.23 花芽分化期　同一品种同一地块出现第一朵花开放时，标志着花生已进入花芽分化盛期。

3.24 开花下针期　从50%的植株开始开花到50%的植株出现鸡头状的幼果为开花下针期。这段时间一般需要25～35天。

3.25 结荚期　从50%的植株出现鸡头状的幼果到50%植株出现饱果为结荚期。这段时间一般需要40～50天，早熟品种稍短，中熟品种稍长。

3.26 饱果成熟期　从50%植株出现饱果到大多数荚果饱满成熟称饱果成熟期。这段时间一般需要30天左右。

3.27 种子的休眠性和休眠期　花生种子成熟后，有的品种即使给予最适宜的环境条件，也不能正常萌动发芽，必须经过一段时间的后熟才能发芽，这种特性称为休眠性。种子完成休眠所需要的时间过程称为休眠期。

3.28 种皮水裂　种皮水裂指种子生长发育过程中，由于吸水不均匀而引起的种皮胀裂。

3.29 种子质量指标　原种纯度大于99.0%，净度大于98.0%，发芽率大于75.0%，水分小于9.0%。良种纯度大于99.0%，净度大于98.0%，发芽率大于75.0%，水分小于9.0%。

4. 植地轮作与间作套种

4.1 轮作倒茬　花生不宜连作，连作年限越长，减产越严重。花生轮作倒茬增产明显，在一定的年限范围内，花生轮作周期越长，增产幅度越高。彩色花生系列花生品种与其他作物轮作倒茬2年以上，增产显著。

4.2 间作套种方式

4.2.1 花生与玉米间作　以花生为主间作玉米，间隔3～5垄花生在垄沟中间种1行玉米，花生种植密度与单作相同，纯增收玉米。

4.2.2 花生与甘薯间作　采取1垄花生1垄甘薯或2垄花生1垄甘薯的间作方式，甘薯茎蔓引向两侧垄沟中，花生在盛花期前受荫蔽较轻，种植密度与单作相同。

4.2.3 花生与西瓜间作　西瓜提早育苗，地膜覆盖小拱棚栽培，促早熟快发，选用彩色花生系列早熟品种，在5月底6月初西瓜生育后期套种花生。西瓜收获拔秧后，花生进入盛花期，充分利用生长季节，提高复种指数，是一项换茬连作的增产措施。

5. 植地深耕翻与植地整理

5.1 植地深耕翻　种植春播花生的地块，在前茬作物收获后及时进行冬季深耕30～35厘米，早春施入基肥后浅耕翻15～25厘米。夏早播花生的种植地块，也要在前茬作物收获后及时施入基肥后浅耕翻15～25厘米。

5.2 植地整理　深耕后的田块，要及时平整，注意做到不乱土层，深度一致，精细耙平保墒，达到土壤疏松、细碎、湿润，地面平整，无根茬，以便盖膜时膜与土壤充分接触，提高覆膜的质量及覆膜的效果。地面平整要略有坡度，以利于保墒贮水，排洪方便。

5.3 采用垄作　采用垄作是确保彩色花生系列品种高产稳产的主要措施之一。采用垄作能提高土壤温度及通风透光，提高发芽率，便于田间管理，也有利于灌溉和排水。根据土壤肥力和品种不同，垄的规格以宽70～110厘米(含垄沟)、垄高 10～13 厘米为宜。

6. 种子准备与处理

6.1 种子质量要求　纯度 98%以上，发芽率 85%以上，含水量 9%以下。

6.2 播前晒种　选择晴天上午 10 时至下午 4 时，把带壳种子铺放在土场上，厚度 6 厘米左右，连续晒 3 天。

6.3 剥壳与选种　花生种子失去果壳保护易受潮，降低种子的活力和种子的发芽势、发芽率，在播种前 5～10 天剥壳为宜。花生种子剥壳后，要分级粒选，将病虫感染、霉变及破损、瘦小的种子挑出不用，将饱满的种子按大小精选，分级播种。

6.4 发芽试验　取有代表性的种子，混合均匀后取 50 或 100 粒进行发芽试验。做发芽试验时，先将种子放在 40℃左右温水中浸泡 4 小时，使种子吸足水分，保持湿润，然后置于 25℃～30℃的温度条件下，48 小时以内种子发芽的总数为种子发芽势，72 小时以内发芽种子的胚根长至 3 毫米以上的总数为种子的发芽率。

6.5 种子的发芽标准　经过分级粒选的种子发芽势在 80%以上，发芽率在 95%以上，为合格种子。发芽率80%～90%，作种子用的，要浸种催芽，低于 80%不能作为种子。

6.6 催芽方法　在背风向阳处挖深 30～35 厘米，宽 80～85 厘米土坑，长度根据需要确定。土坑北高南低呈斜坡状口面，床底铺 10 厘米厚马粪或碎草木屑等酿热物，其上铺竹帘或苇席。用 35℃温水浸种 2～4 小时，在种子子叶横断面尚有 1/3～1/4 未浸透硬心时，捞出种子按厚度 10 厘米平摊在竹帘或苇席上，种子上盖布单，布单上铺 6 厘米厚湿沙，再用塑料薄膜盖好。白天用阳光照射提高温度，夜间用草苫覆盖保温，使沙床温度保持在25℃左右。中午阳光过强时，可盖草帘预防温度过高，或揭开塑料薄膜降低床内温度。一般24小时就能发芽。种子催芽以刚“露白”（胚根刚露出时）为好。拣出种子，要及时足墒播种。不能及时足墒播种的，要把萌动的种子摊在阴凉通风处，保持湿润，抑制芽的继续生长。

6.7 根瘤菌剂拌种　根瘤菌剂是一种生物制剂，花生接种根瘤菌剂，增产效果显著，是一项经济有效的技术措施。根瘤菌剂不可与硫酸铵、杀菌剂等混合拌种使用，提倡单独使用。根瘤菌剂可与磷肥同时施用，与过磷酸钙等磷肥同时用作基肥，以磷增氮效果更显著。因此，需要药剂拌种时，根瘤菌剂可与过磷酸钙等磷肥混合用作基肥。

6.8 微肥拌种　根据植地土壤微量元素丰缺情况，用适量的钼酸铵、硼砂、硫酸锌等微量元素拌种。

6.9 药剂拌种　根据植地病、虫害发病、发生情况，采用相应的药剂拌种。

7. 播　种

7.1 播种适期　露地春播花生播种前5日内5厘米地温日平均大于15℃，即为播种适期。地膜覆盖播种，播前5日内5厘米地温日平均大于13℃时，即为盖膜播种时期。

7.2 土壤适宜湿度　幼苗出土最适宜的土壤湿度为土壤相对含水量的60%～70%。

7.3 播种方法　彩色花生系列品种以垄播为主。垄宽70～90厘米，根据品种及土壤肥力确定，每垄2行，单粒或双粒播种。可以先起垄后播种或起垄播种同时进行，不易起垄的沙质土平播产量低。

7.4 播种深度　黏质土壤播深2～4厘米，沙壤土和沙土播深3～5厘米为宜。

7.5 查苗补种　春花生播种后 15 天左右查苗，夏播花生播种后 7 天左右查苗。缺苗处及时带芽补种。

7.6 播种密度　按照彩色花生系列不同品种要求确定播种密度。

8. 施肥技术

8.1 花生生长所需营养元素　花生生长发育过程中需要吸收氮、磷、钾和中量元素钙、镁、硫以及硼、钼、铁、锌、锰、铜和氯等微量元素。

8.2 施肥原则　测土配方、科学合理、平衡施肥。以有机肥料为主，化学肥料为辅，补充微量元素，提倡使用生物根瘤菌肥。

8.3 配方施肥标准　按照每生产 100 千克荚果的产量，需要氮(N)5.4 千克，纯磷(P_2O_5)1.1 千克，纯钾(K_2O)3.2 千克计算。根据土壤肥力测定数据和施用肥料种类、养分含量，掌握“氮肥、钾肥适量，磷肥加量”的原则，配方确定肥料用量。

8.4 施肥方法　有机肥料和无机肥料配合施用。施足基肥，酌情追肥，花生生长中后期叶面喷施追肥。有机肥和磷肥全部用作基肥，在深耕翻时施入。有机肥料用量少时，可以在起垄前地面撒施，起垄时覆盖于垄中，或播种时撒施盖种。钾肥在起垄前地面撒施，起垄时覆盖于垄中。氮素化肥可以2/3用于基施，1/3 用于追施。追肥的时间在开花下针前，于苗期追肥。下针期以后追肥，只能采用叶面喷施追肥的方法。

9. 花生需水量及浇水排水技术

9.1 花生是一种高耗水植物，在花生全生育期中，除出苗后至开花前及饱果成熟期需水量较少以外，各生育期需水特点为：

9.1.1 种子发芽出苗期，土壤湿度为土壤最大持水量的60%～70%为宜。

9.1.2 幼苗期，土壤湿度为土壤最大持水量的 50%～60%为宜。

9.1.3 开花下针期和结荚期，土壤湿度为土壤最大持水量的 60%～70%为宜。

9.1.4 饱果成熟期，土壤湿度为土壤最大持水量的50%～60%为宜。

9.2 合理浇水　低于上述各期指标时要及时浇水保墒。

9.3 及时排水　多雨季节，地面积水，前期会严重影响花生的生长和发育。后期结实率下降，幼果多，荚果不饱满，甚至造成大量烂果，严重影响花生产量和品质。田间积水后要及时排出。

10. 田间科学管理技术

10.1 清棵蹲苗　花生在齐苗后，在中耕除草的同时，将幼苗基部的土扒开呈窝状，露出 2 片子叶，让子叶直接接受阳光照射促壮苗。

10.2 中耕除草　除草、松土、保墒、散墒。全生育期中耕2～3 次，第一次中耕除草结合清棵，第二次在清棵后 15～20天花芽已基本形成时进行，第三次在初花期进行中耕除草保墒。

10.3 培土迎针　在花期开始封垄前，深锄垄沟或行间。用小手锄把行间松土培在花生基部，缩短果针与地面距离，迎接高节位果针能提前入土结果。

11. 适时收获

11.1 花生成熟标志

11 .1.1 茎叶标志　上部叶片逐渐变黄，中下部叶片逐渐脱落，茎枝呈黄绿色。

11.1.2 荚果标志　大多数果壳硬化，网纹清晰，颗粒饱满，内果皮海绵组织极度干缩变薄有光泽，中果皮由黄褐色泛黑色。

11.1.3 种子标志　珍珠豆型早熟品种的饱果指数达75%以上；普通型或中间型早熟大果品种饱果指数65%以上；普通型中晚熟品种的饱果指数达45%以上，种子皮薄、光润，呈现品种固有色泽。

11.1.4 气温标志　北方花生产区日平均气温低于15℃时应及时收获。

11.1.5 收获方法　人工或机械收获。

12. 地膜覆盖栽培技术

12.1 播前准备

12.1.1 选择适宜的地膜　选择展铺性好的微膜或选择除草膜、光解膜、淀粉膜和草纤维膜。

确定垄宽和膜宽。根据土壤肥力和品种确定垄宽和膜宽，以80～100厘米为宜。厚度为0.006～0.008毫米，透光率要求大于或等于70%，拉伸强度（纵横）大于等于30千克/平方厘米，直角撕裂（纵横）大于等于100千克/平方厘米，断裂伸长率（纵横）大于等于100%，确保覆盖至封垄后不断裂。

12.1.2 选择品种　春播覆膜栽培，宜选用彩色花生系列彩纹、墨香、圣洁、紫玉、白玉等早熟品种。夏早播覆膜栽培，宜选用彩色花生系列雪宝、棕玉、红豆、粉玉等早熟品种。

12.1.3 植地选择　要求土层深厚在50厘米以上，肥沃的活土层30厘米，疏松的结实层10厘米以上，有机质0.82%以上，全氮大于0.06%，速效磷大于27毫克/千克，速效钾大于55毫克/千克。经过2年以上轮作倒茬的壤土或沙壤土。

12.1.4 精细整地　达到土壤细碎，地面平整，无坷垃，无根茎。

12.1.5 测土配方施足基肥：每 667 平方米应施入充分腐熟的有机肥 3 000 千克以上，再按照每生产 100 千克荚果的产量，补足纯氮 5.4 千克，纯磷 1.1 千克，纯钾 3.2 千克计算。测土配方施足基肥。

施肥方法：有机肥、磷、钾、肥全部基施，氮素化肥可以 2/3 用于基施，1/3 用于开花下针期追施。

12.1.6 起垄、播种与覆膜　地膜花生栽培要求足墒播种，随时覆膜。墒情不足必须造墒播种。可因地制宜选择先起垄、覆膜后播种，或起垄、覆膜、播种同时进行的方法。

起垄要求：根据土壤肥力和品种不同，春播覆膜栽培，以垄宽 85～90 厘米，垄沟宽 30 厘米，垄面宽 55～60 厘米，垄高 10～13 厘米为宜。夏早播覆膜栽培，以垄宽 80～85 厘米，垄高 10～12 厘米，垄面宽 50～55 厘米，垄沟宽 30 厘米为宜。

12.1.7 种子处理　同 6. 种子准备与处理。

12.2 播种时间及合理密度

12.2.1 播种时间　采用先起垄、覆膜后播种的，可在春耕后抢墒抢时起垄、覆膜，待膜下地温大于 15℃时播种。起垄、覆膜、播种同时进行的，应在 5 日内 5 厘米地温日平均大于 15℃时播种。彩色花生系列品种夏季早播时，掌握在前茬作物收获后抢时整地足墒播种。5 月下旬以后不提倡地膜覆盖栽培。

12.2.2 覆膜前喷施除草剂　覆膜前因地制宜选择除草剂，均匀喷洒在垄面，而后立即覆膜。

12.2.3 膜上覆土垄、引升子叶节　采用起垄、覆膜、播种同时进行播种方法的，播后 3～7 天内，用湿度适宜的细土，在垄面上顺播种行覆盖一道宽 7 厘米左右，高 3～5 厘米的细土垄，用于引升子叶节，待出苗后，把土扒入垄沟，冲扫地膜起到清棵的作用。

12.2.4 采用先起垄、覆膜后打孔播种方法的，播种后用湿度适宜的土把播孔封平，顺手按实，再在膜孔上盖 3～5 厘米厚的土将膜孔封严，出苗后，把土扒入垄沟，冲扫地膜起到清棵的作用。

12.2.5 合理密度　种植密度是地膜覆盖栽培高产、稳产的重要技术措施。50～60 厘米宽的垄面上播种 2 行花生，小行距 30 厘米。彩色花生系列粉玉、雪宝、红豆、白玉等早熟中小果花生品种，穴距 13～17 厘米，每 667 平方米以 10 000～12 500 穴为宜，或 7～9 厘米单粒播种。彩色花生系列彩纹、墨香、圣洁、棕玉、紫玉等早熟大、中果品种，穴距 17～20 厘米，以每 667 平方米 7 500～9 500 穴为宜，或8～10 厘米单粒播种。

12.3 田间管理

12.3.1 护膜　播种后要逐日早、晚深入田间细致检查，发现破膜、漏孔等及时盖严压实，确保地膜保温、保墒效果。

12.3.2 破膜引苗　随播种随盖膜的花生，在顶土时，要及时在顶土上方将地膜开 1 个直径为 3～5 厘米的孔，并抓把湿土把膜孔封严，注意千万不要按压。

12.3.3 适时清膜补种　在花生幼苗有 2 片真叶时，将地膜及膜孔上的土墩和幼苗根周围的浮土及时清除，使子叶露出膜外，起到清棵的作用。结合开孔放苗和清理土墩，对缺苗的穴位及时补种。

12.3.4 在花生有 4 片复叶时，将压在膜下的侧枝引到膜上。

12.3.5 中耕除草　沟内用锄，膜内有小草用土压膜避光，大草用铁丝钩从膜孔钩出拔除。

12.3.6 浇好关键水

12.3.6.1 花芽分化期，土壤相对含水量低于 50%时，要及时浇水。

12.3.6.2 花针期，耕作层 5 厘米土壤相对含水量低于 50%时及时浇水，促使早开花早下针。

12.3.6.3 结荚期，耕层 0～30 厘米土壤相对含水量低于 40%时浇水 1～2 次。

12.3.7 化学调控　盛花末期，植株呈现过旺生长，即有徒长迹象的花生，应喷施适量 B_9 水溶液或多效唑水溶液，能有效地控制营养生长过旺。

12.3.8 根外追肥　地膜花生在生育后期，依靠根部吸收的养分已经不能满足结荚期生育需要，每隔 7～10 天要喷施 0.2%～0.3%尿素＋磷酸二氢钾＋复合微肥混合液，进行叶面追肥，以增加肥力，提高叶片活力，延长叶片功能。

12.3.9 适时收获　大部分植株的茎叶变黄脱落，中熟大果型品种单株饱果指数达 50%～70%，早熟中果型品种单株饱果指数达 70%～90%为收获期。

12.3.10 回收残膜　在收获的同时，要将地中的残膜拣拾干净。防止残膜对土壤、环境的污染。

13. 收后管理

13.1 晒果　收获后要连棵晒果，晒至叶片含水量在 20%以下(荚果籽仁含水量 20%～25%)时摘果。

13.2 贮存条件　晒至荚果含水量低于 9%，留种的含水量低于 8%。贮存温度低于 20℃，空气相对湿度低于 75%，温湿度越低，越利于贮藏。

13.3 常温库贮藏应干燥、通风、阴凉。

13.4 贮藏期间定期检查库内温度和湿度以及荚果堆温，荚果含水量，种子发芽率，若超过安全界限应立即摊开翻晒，室外囤藏。

13.5 产品质量标准　花生果符合 GB 1532—86 产品质量标准。花生仁符合 GB 1533—86 产品质量标准。

附录2　各种肥料三要素含量表　（单位：%）

种　类	纯氮(N)	纯磷(P_2O_5)	纯钾(K_2O)
人　尿	0.5	0.13	0.19
人　粪	1.04	0.5	0.37
人粪尿	0.65	0.3	0.25
猪　粪	0.6	0.4	0.14
猪厩肥	0.45	0.21	0.52
牛　粪	0.32	0.21	0.16
骡马粪	0.55	0.3	0.24
牛厩肥	0.38	0.18	0.45
羊　粪	0.65	0.47	0.23
鸡　粪	1.63	1.54	0.85
鸭　粪	1	1.4	0.6
鹅　粪	0.6	0.5	1
棉籽饼	4.1	2.5	0.9
菜籽饼	4.98	2.65	0.97
黄豆饼	6.3	0.92	0.12
花生饼	6.39	1.1	1.9
芝麻饼	6.0	0.64	1.2
小麦秸	0.48	0.22	0.63
玉米秸	0.48	0.38	0.64
稻　草	0.63	0.11	0.85
草木灰	—	2	4
泥　炭	1.8	0.15	0.26

续附录 2

种　类	纯氮(N)	纯磷(P_2O_5)	纯钾(K_2O)
麦秸堆肥	0.88	0.72	1.32
玉米秸堆肥	1.72	1.1	1.16
一般堆肥	0.4～0.5	0.26～0.45	0.45～0.7
尿　素	46	—	—
硫酸铵	21	—	—
过磷酸钙	—	12～18	—
磷酸一铵	9～11	50	—
磷酸二铵	14	40	—
硫酸钾	—	—	45～50
磷酸二氢钾	—	52	34

附录3 有机肥卫生标准

项目		卫生标准及要求
高温堆肥	堆肥温度	最高堆温达50℃～55℃，持续5～7天
	蛔虫卵死亡率	95%～100%
	粪大肠菌值	0.1～0.01
	苍蝇	有效控制苍蝇滋生，肥堆周围没有获得蛆、蛹或新羽化的成蝇
沼气发酵肥	密封贮存期	30天以上
	高温沼气发酵温度	53℃±2℃持续2天
	寄主虫卵沉降率	95%以上
	寄主虫卵和钩虫卵	在使用粪液中不得检出活的血吸虫卵或钩虫卵
	粪大肠菌值	普通沼气发酵0.1，高温沼气发酵0.1～0.01
	蚊子、苍蝇	有效控制蚊蝇滋生，粪液中无孑孓。池的周围无活的蛆、蛹或新羽化的成蝇
	沼气池残渣	经无害化处理后可用作农肥

附录4 彩色花生系列品种主要营养成分与国标对照表

项目	单位	现有花生国标对照值	彩色花生系列品种检验结果								
			墨香（黑色）	圣洁（白色）	紫玉（紫红色）	粉玉（粉红色）	彩纹（彩色条纹）	雪宝（红白双色）	白玉（白色）	红钰（珍珠红色）	红豆（红色）
脂肪	（%）	44.30	51.53	49.94	54.63	57.24	49.44	51.36	52.10	45.16	49.58
蛋白质	（%）	24.80	21.21	24.13	26.43	24.13	26.62	26.39	25.87	23.59	26.54
氨基酸	（%）	22.79	22.00	23.92	25.88	22.09	24.49	24.25	23.92	22.45	24.42
钙	（毫克/千克）	390	719.50	800.00	323.10	909.60	379.60	808.00	787.90	656.60	562.80
铁	（毫克/千克）	21.0	46.01	19.64	23.78	19.53	19.44	22.85	23.10	25.21	21.30
锌	（毫克/千克）	25.0	42.50	34.48	34.62	29.25	36.32	35.38	35.43	32.70	30.36
硒	（微克/千克）	39.40	181.50	91.45	88.74	74.29	74.10	78.72	98.13	84.10	73.60

注：1. 国标对照值摘自中国疾病预防控制中心营养与食品安全所 2002 年公布的《中国食物成分表》；

2. 检验结果来源于农业部谷物品质监督检验测试中心 2007 年 7 月 10 日《检验报告》

附录5　彩色花生系列品种创始人——王保圣

王保圣，男，汉族，1952年7月出生，河北磁县人，中共党员，磁县科协高级工程师、高级农艺师，中国发明协会会员，河北省农业产业协会高级专家，全国千县工程专家委员会委员，磁县经济作物专业协会会长，河北省农业产业协会经济作物专业委员会主任。

王保圣同志在工作岗位上，努力钻研、勤奋敬业，先后承担完成国家、省、市级科研计划、发明成果30余项，在国内外发表学术论文10余篇。2007年8月，他组织完成的国家级莲藕标准化栽培示范区通过验收，成为全国唯一的莲藕标准化栽培示范区。他先后荣获全国发明金牌、专利金奖、优秀新产品奖、科技进步奖、推广项目奖、优秀论文奖及社科成果奖等各项奖励63项（次）。他的多项成果和业绩分别被收入《河北获奖发明成果集锦》、《河北省科学技术研究公报》、中国香港《中华优秀专利技术精选》、《中国实用科技成果大辞典》、《中国当代发明家辞典》、《中华科技精英大典》美国《Chemical Abstracts》、英国《Alerting Abstracts Balletih》、《世界优秀专利技术文献库》等30余部文献典籍。鉴于他的成果颇丰，贡献突出，共青团中央、国家科委及各级党政主管部门先后授予他“全国农村青年星火带头人”、“河北省科技十大杰出青年”、“河北省先进科普工作者”、“河北省科技创业者”、“河北省优秀发明者”、“农业技术推广标兵”、“邯郸市劳动模范”等10余项荣誉称号，1997年1月他被邀请出席了亚洲科技工业大会，与国外专家学者进行了学术交流，被授予“世界优秀发明家勋章”。

参 考 文 献

邹林坤.花生栽培.气象出版社,1993

马永良,翟志席,杨合法.花生高产栽培实用技术.知识出版社,2000

谷建中,李传强等.花生高产高效栽培及病虫害防治.台海出版社,2001

尹秀波主编.花生贮藏与加工新技术.中国农业出版社,2005

孙彦浩主编.花生高产种植新技术.金盾出版社,2005

汪强等.花生增效栽培.安徽科学技术出版社,2005

《中国农作物病虫图谱》编绘组.中国农作物病虫图谱油料病虫.农业出版社.1982